한티 에너지 과학 시리즈

에너지와 전기

박진남, 강광신, 김병욱, 윤동희, 이헌상, 함상헌 지음

한티미디어

저자 약력

박진남 경일대학교 신재생에너지학과

강광선 경일대학교 신재생에너지학과

김병욱 호서대학교 자동차ICT공학과

윤동희 경일대학교 신재생에너지학과

이한상 경일대학교 전기·철도공학부

함상환 경일대학교 전기·철도공학부

에너지와 전기

발행일 2016년 5월 31일 초판 1쇄

지은이 박진남·강광선·김병욱·윤동희·이한상·함상환
펴낸이 김준호
펴낸곳 한티미디어 | **주 소** 서울시 마포구 연남로 1길 67 1층
등 록 제15-571호 2006년 5월 15일
전 화 02)332-7993~4 | **팩 스** 02)332-7995
ISBN 978-89-6421-259-2 (93560)
정 가 17,000원

마케팅 박재인 최상욱 김원국 | **편집** 이소영 박새롬 김현경 | **관리** 김지영
표지 디자인 박새롬

이 책에 대한 의견이나 잘못된 내용에 대한 수정정보는 한티미디어 홈페이지나 이메일로 알려주십시오.
독자님의 의견을 충분히 반영하도록 늘 노력하겠습니다.
홈페이지 www.hanteemedia.co.kr | 이메일 hantee@empal.com

본 연구는 2015년도 산업통상자원부 재원으로 한국 에너지기술평가원(KETEP)의 지원을 받아 수행한 연구과제입니다.(NO.20154030100770)

PREFACE

인류문명의 발달은 현대를 살아가는 우리에게 많은 편의를 제공하고 있으며, 그 근간에는 오늘날 우리가 집이나 이동 중에 언제 어디에서나 익숙하게 사용하고 있는 전기에너지가 관련되어 있다. 과거에는 수력 발전과 같이 자연에너지를 이용하여 발전을 하였지만, 급격한 전기에너지 사용의 증가는 화석연료의 막대한 사용으로 이어지게 되었다. 채굴하는 자원인 화석연료는 궁극적으로 고갈될 수밖에 없으며, 이러한 에너지 자원의 고갈은 많은 사람들이 우려하고 있는 문제이다. 이에 대한 대안으로 원자력 발전이 제시되고 있지만, 이 또한 그 우수성만큼이나 핵폐기물 처리와 폐원전의 폐기문제와 같은 어려움이 있다. 또한 만약에 원자력 발전소에 불의의 사고가 발생한다면, 엄청난 피해를 초래하게 된다.

인류가 에너지에 대한 걱정 없이 문명을 유지하고자 한다면, 지속가능하게 공급이 가능한 재생에너지원을 이용해야 할 것이다. 이러한 재생에너지로는 태양에너지를 이용한 발전, 풍력을 이용한 발전, 조력을 이용한 발전 등이 대표적이다. 재생에너지 이외에 효율이 높은 신에너지가 있는데, 대표적인 예로는 수소에너지와 연료전지가 있다.

에너지의 생산을 늘리는 것뿐만 아니라, 이용을 효율적으로 하는 것 또한 매우 중요하다. 에너지의 사용량을 줄일 수 있다면, 결과적으로 더 적은 에너지를 생산해도 될 수 있기 때문이다. 이러한 예로는 남는 전기에너지를 저장하였다가 필요할 때 사용하는 전력저장 장치와 전력의 효율적인 사용을 돕는 스마트 그리드 등이 있다.

본 교재에서는 신재생에너지나 전기공학과 관련된 학부의 저학년을 대상으로 전기에너지의 역사, 대표적인 신재생에너지의 소개, 전력저장 장치와 스마트 그리드에 대한 소개를 하고자 한다.

짧은 시간에 다수의 저자가 작업한 원고로 집필을 마무리하느라 내용에 흡족하지 못한 부분이 있으리라 생각되며, 이에 대한 독자 여러분의 양해를 부탁드린다. 추후 교재의 수정에 대한 의견을 수렴하여 보다 완성도를 높이도록 할 것을 약속드린다.

저 자

CONTENTS

CHAPTER 1

서론

01 에너지의 변천

지구상에 인류가 나타난 이래로, 인간의 삶은 생존을 위해 의식주를 해결하는 것이 최우선 과제가 되었다. 이러한 과제들 중에서 생식으로부터 벗어나 식재료를 불에 익혀 먹는 화식의 도입은 인류의 역사에 커다란 진전을 가져다주게 되었다. 화식을 함으로써 생식에 비해 소화에 음식물의 저작이나 소화에 에너지를 적게 사용해도 되면서, 인류의 두뇌 용량이 커지게 되는 계기가 형성되게 되었다. 화식을 위해서는 열에너지인 불이 반드시 필요하며, 이러한 불이 인류가 스스로의 힘인 인력 이외에 사용한 최초의 에너지라 할 것이다. 이처럼 불은 열에너지원으로서 오랜 기간 동안 조리와 난방 등에 사용되어 왔다.

또한 가축을 길들여 이용하게 되었는데, 가축은 밭을 갈거나, 연자방아를 돌려 곡물을 제분하거나, 또는 말과 같이 타고 이동하는 용도로 이용되었다. 이처럼 생명체인 가축은 동력원 또는 이동수단의 에너지원으로 활용되어 왔다.

그 이외의 에너지원으로는 다양한 자연의 에너지를 이용하는 것들이 있다. 풍력은 돛단배의 운항이나 풍차를 이용한 기계적 동력의 공급원으로 활용되었으며, 수력은 주로 물레방아를 돌려 기계적 동력의 공급원으로 활용되었다. 그 외에 태양열 에너지는 난방 또는 곡물이나 육류, 해산물 등을 건조하는데 주로 활용되었다. 지열에너지는 온천의 개발 등을 통한 열에너지의 활용 또는 차가운 지열을 이용한 석빙고와 같은 얼음 보관시설 등으로 활용되었다.

그 이외에 우리가 자연에서 접할 수 있는 에너지로는 번개나 벼락과 같은 거대한 전기에너지와 일상생활에서 마주치게 되는 마찰전기와 같은 소규모의 전기에너지가 있다. 이러한 전기에너지는 그 존재를 알고 있지만, 기나긴 인류의 역사에서 제대로 활용되기 시작한 것은 최근의 일이다. 또한 원자폭탄의 사용으로 그 서막을 알린 거대한 에너지원인 핵에너지는 극히 최근에 이용이 되기 시작하였다.

02 전기의 역사

물질을 구성하는 가장 작은 기본 단위인 원자는 (+)전하를 띠는 양성자, 전하를 띠지 않는 중성자, (−)전하를 띠는 전자로 구성되어 있다. 정상적인 상태의 원자는 양성자와 전자의 개수가 동일하므로, (+)와 (−)전하가 서로 상쇄되어 전하를 띠지 않는다. 만약 물질 내의 양성자와 전자의 균형이 깨어지면, 물질은 (+) 또는 (−)로 대전되며, 주변에 전기장을 형성하게 된다.

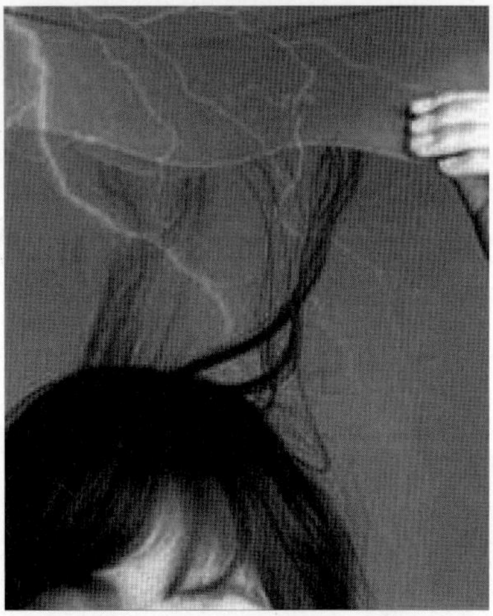

[그림 1−1] 마찰에 의한 정전기

대표적인 예로는 플라스틱 책받침을 나일론 천으로 문지르면 책받침으로 전자가 이동하여 책받침은 (−)전하를 띠게 된다. [그림 1−1]에 보이듯이 전하를 띤 책받침을 머리에 가까이 가져가면, 정전기 유도 현상에 의해 머리카락이 책받침 쪽으로 달라붙는 것을 볼 수 있다. 이와 같은 전기를 마찰전기라 하며, 이는 전하가 이동하지 않고 고정되어 있으므로 정전기라고 부른다. 정전기를 저장할 수 있는 장치로서 라이덴병(Leyden jar)이 고안되었는데, 이를 이용하면 특정한 전하의 정전기를 저장하였다가 원하는 때에 모아둔 전하를 방전을 시킬 수 있게 된다.

우리가 보통 생각하는 전기는 금속도선을 따라 전자가 이동하는 현상이며, 이는 정전기와 구분하여 전류라고 한다. 이탈리아의 과학자인 볼타는 1800년에 최초로 직류전기를 연속하여 공급할 수 있는 볼타전지(Voltaic cell)를 발명하였다. 이는 [그림 1−2]에 보이듯이 구리판과 아연판을 교대로 쌓은 후, 금속판들의 사이에 소금물에 적신 천을 끼운 것이다. 볼타전지는 최초로 고안된 화학 에너지를 전기 에너지로 변환하는 장치로서, 지금 사용하는 다양한 화학전지의 원조가 된다.

볼타전지를 이용한 많은 전기 실험이 이루어졌으며, 이를 통해 전기의 여러 가지 특성이 알려지게 되었다. 하지만, 여전히 전기는 만들고 이용하기 힘들어서 일부 과학

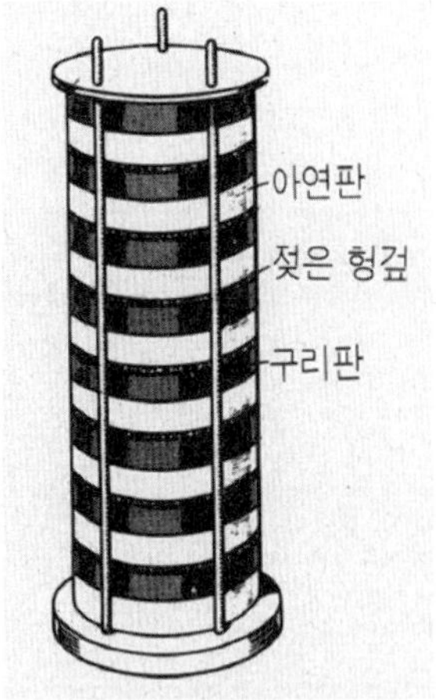

[그림 1-2] 볼타전지의 구조

[그림 1-3] 박물관에 전시된 볼타전지

자들만의 전유물로 사용되었다. 계속적인 연구를 통해 전기를 이용하여 자기장을 만들 수 있음을 알게 되었고, 영국의 과학자 패러데이(M. Faraday)는 자기장의 변화에 의해 유도전류가 생성된다는 전자기 유도법칙을 발견하였다. 패러데이는 1834년에 이러한 전자기 유도현상을 이용하여 직류 전기를 만들 수 있는 [그림 1-4]와 같은 발전기를 고안하였는데 그 구조는 고정된 말굽모양 영구자석의 안에서 구리 원판을 회전시키는 것이다. 이후 독일의 과학자 지멘스(W. Siemens)는 [그림 1-5]에 보이는 것과 같이 여러 개의 전선코일 다발 내부에 강력한 영구자석을 넣고 이를 회전시킴으로

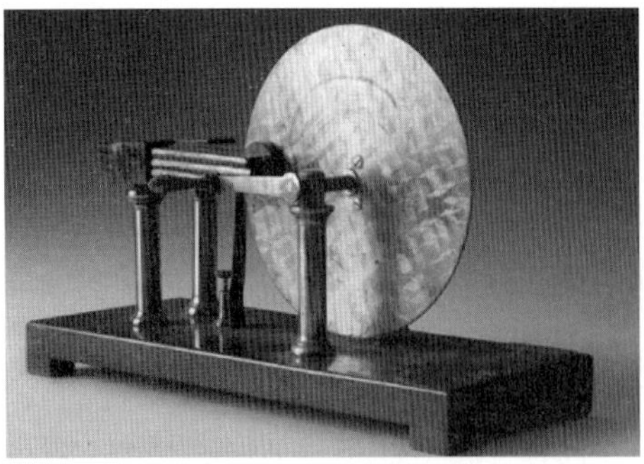

[그림 1-4] 패러데이가 고안한 최초의 발전기

[그림 1-5] 지멘스가 발명한 실용적인 발전기

써 실용적으로 교류 전기를 생산할 수 있는 발전기의 구조를 1866년에 고안하였다. 이러한 영구자석의 회전을 위해서는 증기기관, 수차, 터빈 등을 사용할 수 있으며, 이러한 과정을 거쳐 운동 에너지를 전기 에너지로 손쉽게 직접 전환할 수 있는 길이 열리게 되었다. 초기에는 교류전력 시스템에 대한 이해도가 낮아 직류로 송전하는 시스템이 선호되었으나, 테슬라(N. Tesla)의 교류전기 회로에 대한 많은 업적을 바탕으로 하여 현재는 모든 전력시스템이 교류를 기반으로 운용되고 있다. 이처럼 터빈과 교류발전기를 기반으로 한 수많은 대규모 발전소의 건설을 통해 전기에너지는 현대문명의 필수 요소로 자리 잡게 되었다.

03 신재생에너지

인류가 에너지를 사용한 이래로 시대에 따라 다양한 에너지원이 사용되어 왔다. 최초의 에너지원은 나무나 풀과 같은 자연에서 손쉽게 구할 수 있는 가연성 물질이었으며, 이후에 동물이나 식물의 기름, 양초와 같은 것을 이용하게 되었다. 증기기관의 발명과 함께 본격적인 산업혁명이 시작되면서 자연에서 얻어지는 열원으로는 수요를 감당하기 어려워졌고, 광산에서 채굴한 석탄을 에너지원으로 사용하는 석탄의 시대가 열리게 되었다. 석탄은 이전의 에너지원에 비해 소량으로도 높은 발열량을 낼 수 있어 널리 사용되었지만, 연소 시에 다량의 유독한 기체와 분진을 배출하여 환경오염의 심각한 원인을 제공하였다.

1858년에 드레이크(E. Drake)가 시추를 통해 원유를 채굴한 이래 석탄의 시대를 잇는 더욱 사용하기 편리하고 깨끗한 석유의 시대가 도래하게 되었으며, 현재까지도 석유는 인류에게 가장 중요한 에너지원이다. 하지만 석유자원의 매장량은 유한하며, 인류 문명의 급격한 발달과 함께 석유의 소비량 또한 기하급수적으로 증가해왔다. 현재 세계의 1일 원유 사용량은 1억배럴이며, 이는 매일 63빌딩 6개 부피의 원유가 소모되는 것을 뜻한다. 현재 추정 원유 매장량은 1.5조 배럴 정도이며, 지금의 추세대로

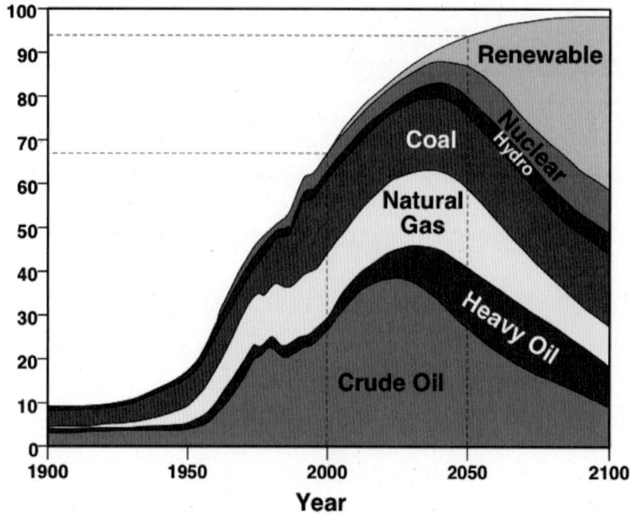

[그림 1-6] 에너지원별 사용량 예측

원유를 소모한다면 약 40년 후에는 원유가 고갈됨이 예측된다. 비록 추가적인 유정의 개발 및 셰일가스 등의 이용으로 이 시기를 연장할 수는 있겠지만 궁극적으로 원유가 고갈되는 것은 피할 수 없는 현실이다. 석유는 특이하게 에너지원뿐만 아니라, 석유화학 산업의 원료로도 막대한 양이 사용되는 귀중한 자원이다.

현재 에너지원별 향후의 사용량 예측을 보면 매장된 모든 탄소 에너지원들은 고갈될 수밖에 없으며, 원자력 발전 또한 그 위험성으로 인하여 용량을 늘리기 힘든 상황이므로 궁극적으로는 신재생에너지를 활용하는 것이 최선임을 알 수 있다.

〈표 1-1〉 신에너지와 재생에너지

신에너지	재생에너지
수소에너지 연료전지 석탄가스화 액화	태양광에너지, 태양열에너지 풍력에너지, 수력에너지 지열에너지, 해양에너지 바이오에너지, 폐기물에너지

신재생에너지는 신에너지와 재생에너지로 구분된다. 신에너지는 기존의 에너지를 보다 친환경적이고 효율이 높게 활용할 수 있는 에너지원을 지칭하며, 재생에너지는 순환과정을 통해 지속적으로 사용이 가능한 에너지원이다. 각각에 해당되는 에너지원은 〈표 1-1〉에 나타낸 것과 같다.

신에너지를 살펴보면, 수소에너지는 현재는 화석연료를 개질하여 얻고 있으나, 궁극적으로는 재생에너지로부터 얻은 전력을 이용하여 물을 전기분해하여 얻을 수 있는 청정에너지원이다. 연료전지는 청정에너지원인 수소에너지를 높은 효율로 전기에너지로 변환하는 장치이며, 그 자체로는 에너지원이 아니다. 석탄가스화 액화는 석탄을 가열하여 가스화한 이후에 다시 액화하여 청정연료로 만들어 사용하는 기술이다.

재생에너지를 살펴보면, 대부분의 에너지가 태양에너지로부터 기인함을 알 수 있다. 태양에너지를 직접 이용하는 것으로는 태양광과 태양열에너지가 있다. 풍력에너지는 태양의 열에너지에 의해 데워진 지구상의 공기가 이동하는 에너지를 이용하며, 수력에너지는 태양열에 의해 물이 증발되고 비로 내리는 물의 순환을 이용한 것이다. 바이오에너지 역시 식물체가 광합성에 의해 저장한 태양에너지를 이용하는 것이다. 해양에너지 중의 바람에 의해 생기는 파도와 바닷물의 온도차를 이용한 발전은 역시 태양에너지에 기인하지만, 조석을 이용한 조력 발전은 달의 인력에 기인한다. 태양에너지와 무관한 것으로 지열에너지는 지구 내부의 열을 이용하며, 폐기물에너지는 인류가 배출한 폐기물을 재처리하여 연료의 형태로 전환하는 것이다.

04 지속가능한 사회

에너지원의 고갈에 대한 우려와 친환경에 대한 관심의 증가로 신재생에너지는 전 세계적으로 꾸준히 보급되고 있으며, 신재생에너지 개발을 위한 연구와 개발도 꾸준히 진행되고 있다. 최근에는 미국 지역에서 막대한 양의 셰일가스가 새로이 개발되어 유가가 하락하고 있다. 그 결과로 에너지원의 고갈에 대한 인식이 느슨해지고 신재생에너지에 대한 관심이 일부 감소하는 경향이 있는데 이는 매우 위험한 생각이다. 보다 적극적인 대응으로 셰일가스의 개발로 인해 화석연료에서 신재생에너지로 전환할 수 있는 시간을 조금 더 벌었다는 생각을 가지고, 신재생에너지의 개발과 보급에 대한 관심을 더욱 높여야 할 것이다.

현재는 석유와 석탄과 같은 화석연료를 주로 사용하는 문명이지만, 궁극적으로는 고갈 위험이 없는 신재생에너지를 이용한 발전을 통해 전기를 사용하고, 이렇게 발전한 전력을 이용하여 물을 전기분해하여 얻은 수소에너지를 이동용 에너지원으로 활용한다면 에너지 고갈을 걱정할 필요가 없는 지속가능한 사회를 구축할 수 있을 것이다.

단/원/정/리

1. 인류의 에너지 활용은 열에너지, 자연에너지, 전기에너지, 핵에너지의 순으로 발전하고 있다.
2. 전기의 역사는 마찰전기, 정전기를 거쳐 1800년에 볼타가 최초의 직류전지인 볼타전지를 발명하였다.
3. 패러데이의 전자기 유도법칙의 발견을 시초로 하여, 직류발전기 및 지멘스의 교류발전기가 발명되었다.
4. 1858년에 원류를 시추한 이래로 석유의 사용량은 지속적으로 증가하고 있으며, 향후 40년 이내에 원유의 고갈이 예측된다.
5. 신에너지와 재생에너지를 합쳐 신재생에너지(new and renewable energy)라고 부른다.
6. 신에너지에는 수소에너지, 연료전지, 석탄가스화 액화가 있다.
7. 재생에너지에는 태양광에너지, 태양열에너지, 풍력에너지, 수력에너지, 지열에너지, 해양에너지, 바이오에너지, 폐기물에너지가 있다.
8. 고갈 위험이 없는 신재생에너지를 이용한 발전을 통해 전기를 사용하고, 이렇게 발전한 전력을 이용하여 물을 전기분해하여 얻은 수소에너지를 이동용 에너지원으로 활용한다면 에너지 고갈을 걱정할 필요가 없는 지속가능한 사회를 구축할 수 있다.

CHAPTER 2

태양에너지

01 태양전지의 원리와 특성

1. 태양전지(Solar cell, Photovoltaic cell)란?

태양전지란 햇빛을 받을 때 빛 에너지를 직접 전기 에너지로 변환하는 반도체 소자를 말하지만 일반적인 표현으로 솔라셀, 솔라모듈, 태양전지모듈 등을 총칭하여 표현하기도 하고 최근에는 태양광발전전지(Photovoltaic cell)라는 용어를 더 많이 사용하기도 한다.

[그림 2-1] 다결정 태양전지

2. 태양광 산업

신재생에너지 중에서도 가장 경제성이 있고 빠르게 발전하고 있는 산업은 태양에너지로부터 무한하고 깨끗하고 쉽게 전기를 얻을 수 있는 태양광발전시스템이다.

메가와트급의 발전량을 가진 대규모 태양광발전소를 비롯하여 각 가정에서도 태양광으로 전기를 생산하고 낮에는 남는 전기를 전력계통으로 연결하여 전기를 전기회사로 팔고 밤에는 전기를 사용하는 계통연결시스템, 전기가 들어오지 않는 지역에서 태양광으로 발전하여 축전지에 전기를 보관했다가 사용하는 독립형시스템, 그리고 가로등, 통신시설, 태양광을 이용한 소형 전기제품, 태양광 충전기, 경관조명제품 등 현대생활에서 태양광발전시스템이 적용되지 않는 분야가 없을 정도로 급속히 발전하고 있는 유망한 산업이다.

3. 태양전지의 원리와 특성

태양에너지는 크게 빛에너지와 열에너지로 나뉘는데 그 중 태양의 빛에너지를 이용해서 전기를 생산하는 것이 바로 태양전지이다. 태양전지의 에너지원인 빛에너지는 무공해이고 고갈될 염려가 전혀 없으므로 매우 훌륭한 에너지원이다. 태양전지의 발전원리는 아래 그림과 같이 반도체 계면에 빛을 쏘이면 전자와 정공이 발생하는 것이다. 전자(−)는 N형 반도체 쪽으로 움직이며, 정공(+)은 P형 반도체 쪽으로 모여서 이로 인해 전위가 발생하게 된다. 태양전지의 앞면과 뒷면에 전극을 만들고 전극을 전구 같은 부하에 연결하게 되면 전위차에 의해 전류가 흐르게 된다. 즉, 태양전지가 직접 빛에너지를 전기에너지로 변환시키게 되며, 이를 반도체의 광전효과라고 한다.

각각의 태양전지가 하나의 전지처럼 작동하므로 여러 장의 태양전지를 직렬로 연결시키면 전압이 증가하고 병렬로 연결시키면 전류가 증가하게 된다. 태양전지는 전

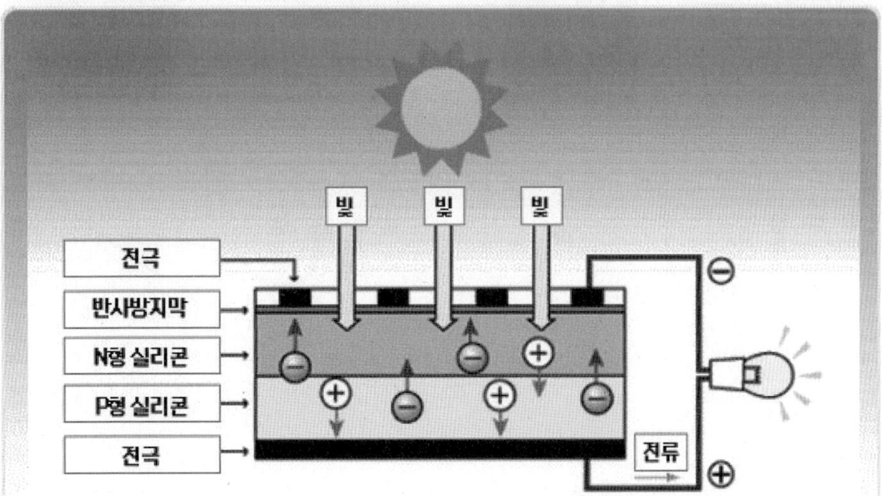

[그림 2-2] 태양전지의 발전원리

지라고 부르지만 축전지(Battery)처럼 전기를 저장하지는 못하며, 단지 빛을 받아서 전기를 생산하는 발전시스템이다.

02 태양전지의 효율

1. 태양전지의 전압과 전류 측정

태양전지의 전압과 전류 측정은 태양전지의 전극에 부하를 연결시킨 후, 이 회로에 멀티미터(전압계, 전류계)를 연결하고, 태양광이나 유사태양광을 태양전지에 비추어서 측정한다. 유사 태양광으로는 일반적으로 제논 램프가 사용되며, 통상 0.1 W/cm^2(1,000 W/m^2)의 조건으로 실험한다. 전류가 0 A일 때의 전압인 개방전압과 전압이 0 V일 때의 전류인 단락전류는 아래와 같이 직접 멀티미터로 측정이 가능하다.

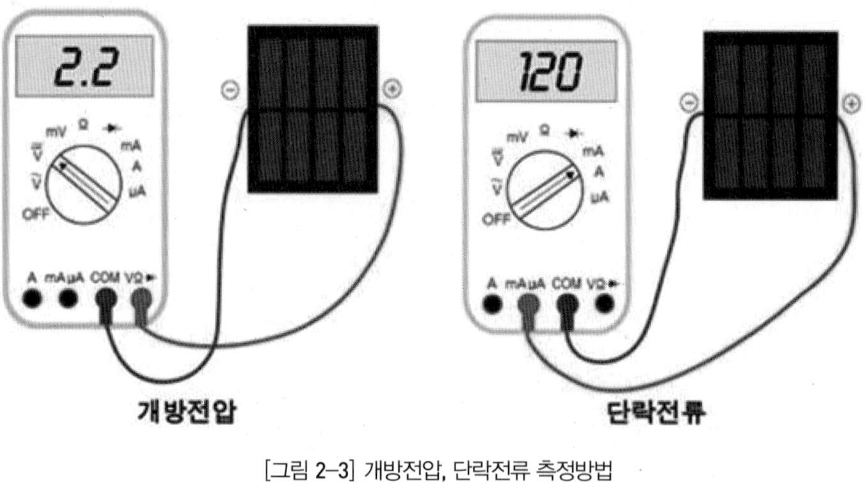

[그림 2-3] 개방전압, 단락전류 측정방법

2. 태양전지의 국제표준 시험조건

태양전지의 국제표준 시험조건(STC: Standard Test Condition)은 태양광발전시스템의 성능을 평가 할 때 사용되는 국제적인 기준으로 아래 3가지의 조건을 충족하여야 한다.

- 대기 질량: AM 1.5
- 빛의 입사조도: 1,000 W/m^2
- 태양전지 온도: 25 ℃

대기질량정수(AM, Air Mass)는 태양빛이 통과하는 공기의 양에 해당하며, AM 0은 대기권 밖, 즉 공기를 하나도 지나지 않은 우주에서의 기준이며, AM 1은 빛이 수직으로 입사하는 적도부근이고, 우리나라를 비롯하여 유럽 국가들이 모여 있는 위도 40도 지역은 AM 1.5에 해당되며 표준시험기준이 된다. 맑은 하늘에서 AM 1.5일 때 일조강도는 1,000 W/m^2이며 역시 표준시험기준에 해당한다. 마지막으로 태양전지의 출력이 온도에 따라 민감하게 변하기 때문에 실온인 25 ℃를 표준시험기준으로 하여 태양전지의 성능을 측정한다. 실제로 태양전지를 빛에 노출한 후 약 10분가량 지나면 온도가 30 ℃ 이상으로 증가하게 되는데 정확한 표준시험조건을 맞추기 위해서는 항온조나 냉각장치를 사용하여야 한다.

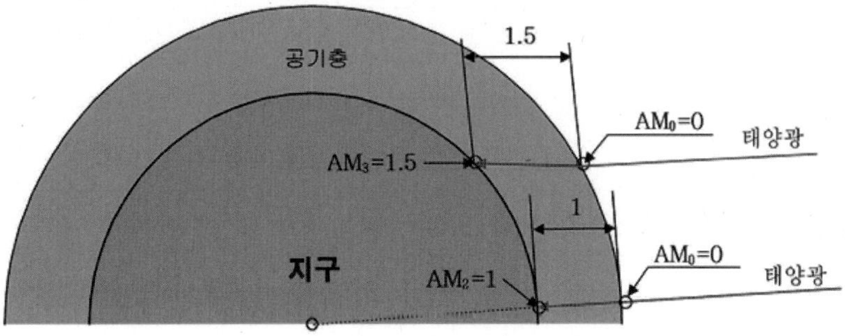

[그림 2-4] 대기질량정수

3. 태양전지의 전류–전압 곡선(I–V 곡선)

태양전지의 전류–전압곡선은 보통 아래 그림과 같이 사각형 비슷한 형태로 나타난다.

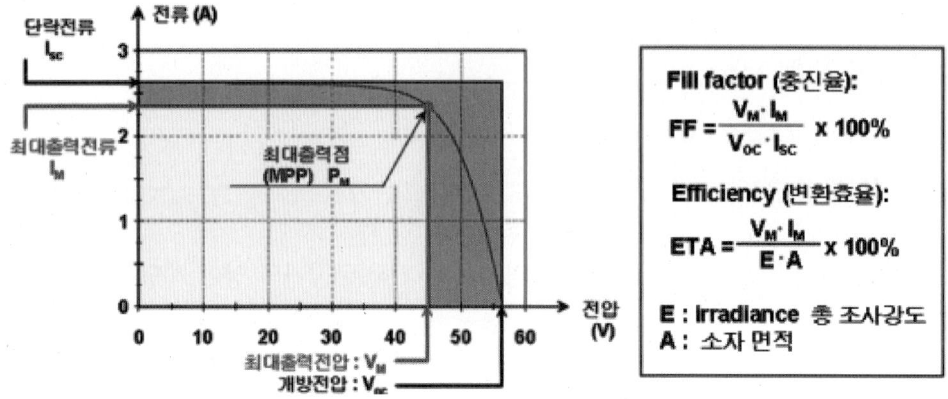

[그림 2–5] 태양전지의 전류–전압 곡선

전압이 제로(0)일때의 전류를 단락전류(Short–Circuit Current, I_{sc}), 태양전지에 전류가 흐르지 않을 때의 전압을 개방전압(Open–Circuit Voltage, V_{oc})라고 한다. 태양전지에서 나오는 전력은 전류와 전압을 곱하면 얻을 수 있으며, [그림 2–5]와 같이 최대전류(Max. Power Current : I_M)와 최대전압(Max. Power Voltage : V_M)이 만나는 최적의 동작점에서 발생한 전력이 태양전지의 최대출력(Max. Power)값이 된다.

충진율(FF, Fill Factor)은 최대출력값을 개방전압과 단락전류의 곱으로 나눠서 계산하며, 충진률이 클수록 우수한 태양전지가 된다. 충진율은 태양전지의 성능을 평가하는데 있어 중요한 척도가 되며, 일반적으로 0.5~0.82 사이의 값을 가진다.

4. 태양전지의 효율

태양전지는 빛에너지를 모두 전기로 변환시키지는 못하는데, 이는 입사되는 빛에너지가 파장에 따라 태양전지를 투과 혹은 반사하거나 열로써 손실되기 때문이다. 입사 빛에너지 대비 실제로 전기를 생산하는데 기여한 비율을 변환효율(efficiency)이라 한다. 즉, 태양전지에 입사하는 태양광에너지가 얼마나 많은 전기를 발생시켰는가를 나타내는 척도로 면적이 1 m^2인 태양전지에서 1,000 W의 전기를 생산하였을 때 100 % 변환효율이 된다.

예를 들어 가로와 세로의 길이가 모두 15 cm인 태양전지의 이론적인 최대 변환 전력은 22.5 W(0.15×0.15×1,000)가 되며, 실제로는 태양전지로 4 W의 전기를 생산한다면 변환효율은 4 W÷22.5 W×100 % = 17.8 %가 된다. 실제 태양전지의 변환효율은 태양전지의 종류에 따라 다르며, 수 %에서부터 40 % 이상의 특수 용도의 고성능 태양전지도 개발되어 있다. 현재 가장 널리 사용되고 있는 실리콘 태양전지는 보통 16~18 %의 효율을 가진다.

03 태양전지의 종류

태양전지는 재료, 형태, 작동원리에 따라서 분류할 수 있다. 재료에 따라서는 크게 실리콘계 태양전지와 화합물계 태양전지 그리고 유기물계 태양전지로 나누어지며, 형태에 따라서 결정형, 박막형, 그리고 적층형으로 구분할 수 있으며, 원리에 따른 구분은 반도체의 p−n접합으로 만든 반도체 접합형, 염료감응형과 같은 광전기화학형으로 구분된다.

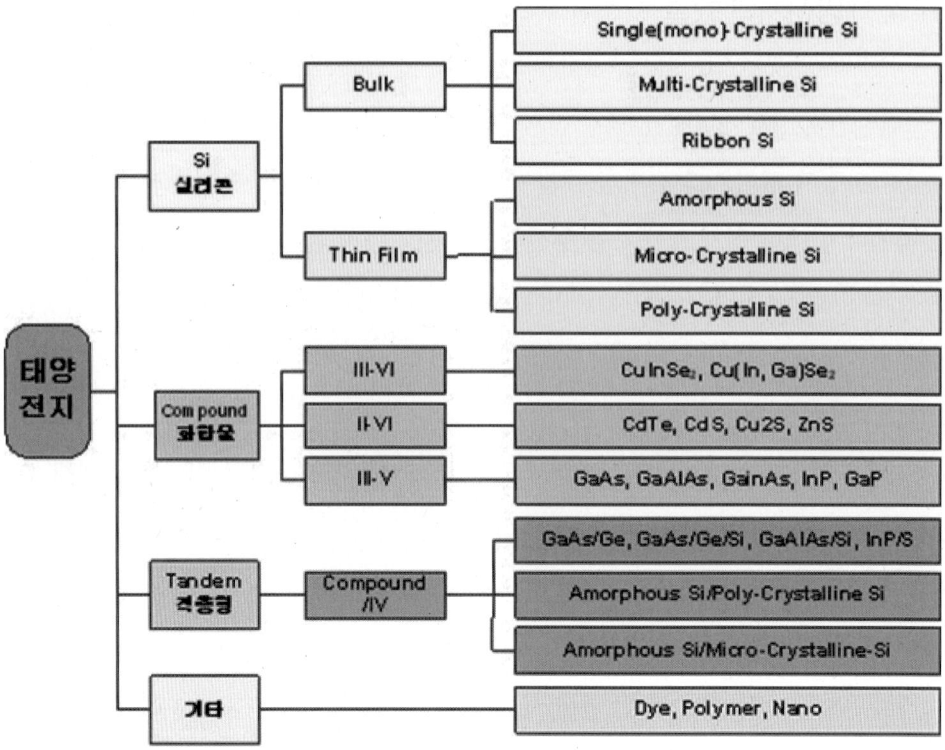

[그림 2-6] 태양전지의 종류

(1) 재료에 따른 분류

- 실리콘 태양전지 (silicon solar cell)
  - 단결정 실리콘 태양전지 (single crystalline silicon solar cell)
  - 다결정 실리콘 태양전지 (poly crystalline silicon solar cell)
  - 비정질 실리콘 태양전지 (amorphous silicon solar cell)
- 화합물 반도체 태양전지 (compound semiconductor solar cell)
  - Ⅲ－Ⅴ족 화합물계 : GaAs, InP, GaAlAs, GaInAs 등
  - Ⅱ－Ⅵ족 화합물계 : $CuInSe_2$, CdS, CdTe, ZnS 등
- 적층형 태양전지 (Tandem solar cell)
  - 화합물/Ⅵ족 계열 : GaAs/Ge, GaAlAs/Si, InP/Si 등

(2) 이용목적 및 구조에 따른 분류

- 지상용 태양전지
  - 결정형 : 단결정, 다결정 실리콘 태양전지, GaAs/Si 등
  - 박막형 : 비정질 실리콘, CdS, CdTe, $CuInSe_2$ 등
  - 집광형 : GaAs계열, 적층형 등
- 위성용 태양전지
  - Ⅳ족 : 단결정 실리콘, Ge(저온용)
  - GaAs 계열 : GaAs, InP 등
  - 적층형(Tandem) : GaAs/Ge, GaInP/GaAs, GaAlAs/GaAs

1. 결정질 실리콘 태양전지

결정질 실리콘 태양전지는 복잡한 제조공정과 비교적 높은 가격에도 불구하고 태양광 시장을 주도하고 있다. 실리콘은 [그림 2-7]에 보이듯이 매장량이 풍부하며, 또한 이를 이용하여 만든 실리콘 태양전지가 높은 효율을 가지며 수 십 년의 수명을 가지기 때문이다.

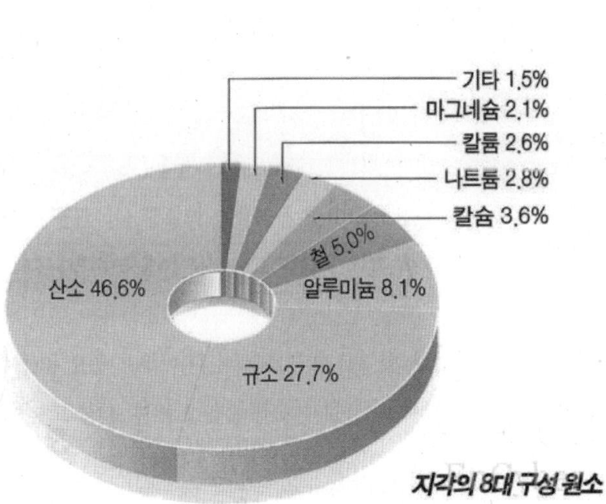

[그림 2-7] 지각의 8대 구성 원소

태양광은 자외선부터 적외선까지 넓은 범위를 가지고 있지만, p–n 접합을 이용하는 실리콘 태양전지는 반도체의 밴드갭 이상의 에너지를 가진 자외선 파장 영역만을 발전에 사용하게 된다. 따라서 모든 태양광의 파장 영역을 사용할 수 있으면서, 보다 높은 발전효율을 가지는 태양전지의 개발이 지속적으로 시도되고 있다.

(1) 단결정질 실리콘 태양전지

단결정질 실리콘 태양전지는 가장 오래된 태양전지이며, 이는 실리콘의 원자배열이 규칙적이며 배열방향이 일정하여 전자이동에 걸림이 없어 변환효율이 우수하다. 또 아침, 저녁이나 흐린 날 등 일조량이 적을 때도 비교적 발전이 양호하다. 현재 단결정질 실리콘 태양전지의 효율은 실험실에서는 20 % 이상을 나타내고 있으며 양산품도 16~18 %의 효율을 나타낸다.

일반적인 실리콘결정질 태양전지의 제조방법은 실리콘을 포함하고 있는 광석(규석, 모래)을 전기로에서 정제시켜 폴리실리콘을 만드는 것부터 시작된다. 이 폴리실리콘을 석영도가니에 넣고 미량의 불순물(붕소 또는 인)을 함께 넣어 고온으로 용융시

[그림 2-8] 태양전지용 실리콘 잉곳

켜 원주 모양의 단결정질 실리콘 잉곳(Ingot)을 만든 후 이것을 약 200 ㎛ 두께로 얇게 절단한 것이 단결정 실리콘웨이퍼이다. 이렇게 만들어진 단결정 실리콘웨이퍼 위에 p–n접합을 형성시킨 후, 내부의 전류가 밖으로 흐를 수 있도록 상부와 하부 전극을 만들고, 빛의 반사율을 줄이기 위하여 반사방지막을 입히고 최종 테스트 과정을 거치면 단결정실리콘 태양전지가 완성된다. 단결정질 실리콘 셀의 모양이 정사각형이 아니고 네 귀퉁이가 약간 원형으로 된 이유는 [그림 2–8]에 보이는 것과 같은 원주형의 잉곳을 가공하였기 때문이다.

(2) 다결정질 실리콘 태양전지

단결정질 실리콘 태양전지는 효율이 좋고 신뢰도도 높지만, 가격이 비싸고 대량 생산에 문제가 있다. 이에 반해 다결정 실리콘 태양전지는 단결정질에 비해 제조공정이 간단하고 가격도 저렴해서 널리 사용되고 있다. 그러나 변환효율이 15~17 %로 단결정질보다 낮은 것이 단점이다. 다결정질 실리콘 웨이퍼의 제조방법은 실리콘 원석을 도가니에 넣고 높은 온도로 가열하여 녹인 후, 정제하여 일정한 틀에 부어 응고시

[그림 2–9] 다결정 실리콘 웨이퍼

키는 방법으로 잉곳을 만든다. 이런 주조 방법은 단결정질 제조 방법보다 간단하여 원가를 낮출 수 있고 대량 생산이 가능하다. 이렇게 제조된 잉곳은 많은 결정체가 모여서 하나의 잉곳을 형성하고 있으며 그 형상은 원주형이 아니라 대부분 주형틀에서 찍혀 나온 사각형 기둥 모양이다. 다결정 잉곳을 자세히 보면 여러 부분에 실리콘 결정체의 경계선이 보이고 실리콘 원자의 결합 역시 불완전하게 되어 있는데, 이러한 구조적 결함으로 인하여 단결정질 실리콘보다 효율이 떨어지는 것이다.

다결정질 실리콘 잉곳을 두께 200 ㎛ 정도로 절단하여 웨이퍼를 만들고 이 웨이퍼를 단결정질과 마찬가지로 p−n 접합을 형성시키고, 전극을 만들고, 효율을 높이기 위해 표면 빛의 반사를 막기 위하여 반사방지막을 입히고 테스트를 마치면 다결정질 실리콘 태양전지가 완성된다.

다결정질 실리콘 태양전지는 양산 체제로 인하여 효율 대비 가격이 저렴하며 현재 나와 있는 태양전지 중 가장 많이 사용되고 있는 제품이다. 결정질 실리콘 태양전지를 생산하는 대표적인 회사는 독일의 Q−Cell, Schott Solar, Sharp, Kyocera, Sanyo, 중국의 Suntech Power, 미국의 Sunpower, 대만의 Motech, 그리고 다국적 기업인 BP Solar 등이 있으며, 한국 기업으로는 폴리실리콘을 생산하는 OCI와 한화폴리실리콘 그리고 태양전지와 모듈을 생산하는 LG전자와 한화큐셀 등이 있다.

2. 박막형 태양전지(Thin Film PV)

박막형 태양전지라 함은 유리, 금속판, 또는 플라스틱 같은 저가의 일반적인 물질을 기판으로 사용하고, 그 위에 광 흡수층 물질을 마이크론 두께로 아주 얇은 막을 입혀 만든 태양전지를 말한다. 고가의 실리콘에 의존하는 결정질 실리콘 태양전지보다 원료비 비중이 훨씬 낮고 생산시설을 자동화할 수 있어 대량생산이 가능하며 생산원가가 저렴하다. 이렇게 모듈 생산 공정까지 일괄 작업이 가능하여 가격은 싸지만 아직은 효율이 낮고 수명이 짧다는 단점을 가지고 있다.

박막형 태양전지는 광 흡수층 물질로 실리콘을 이용하는 실리콘 박막형 태양전지와 CIS(Cu, In, Se), CIGS(Cu, In, Ga, Se) 또는 3-5족 등의 여러 가지 화합물 박막형 태양전지가 있다.

(1) 박막형 비정질 실리콘 태양전지

비정질 실리콘 태양전지(a-Si)는 상업적으로 성공한 최초의 박막 형태의 태양전지이다. 하지만, 열화 현상으로 인하여 광흡수층의 두께 및 물성에 따라 최대 30 %까지 발전효율이 감소하고, 결과적으로 결정질 실리콘 태양전지보다 낮은 효율을 가진다. 따라서 재료의 가공기술과 디바이스 디자인을 얼마나 발전시키는 가가 비정질 박막 실리콘 태양전지의 효율을 안정화 시키는 관건이 된다. 다중접합(multi-junction)을 이용하는 디바이스(복합셀 내에서 더욱더 얇은 흡수층을 가능케 함)와 빛을 잡아두는 방식의 도입을 통해 보다 안정된 효율의 태양전지를 제작하게 할 수 있으며, 현재 이런 방법으로 비정질 박막 실리콘 태양전지의 효율은 약 12 % 이상, 그리고 모듈은 10 % 이상의 효율을 기록하고 있다.

현재까지 발표된 박막형 실리콘 태양전지의 최고 효율은 미국 유니솔라에서 개발한 삼중접합구조(Triple Junction) 제품으로서 안정화 효율 13 %를 달성하였고, 미세결정질 쪽에서는 일본의 Kaneka사와 Sharp의 탠덤구조 박막형 태양전지가 안정화

[그림 2-10] 플렉시블 태양전지

효율 11 % 이상을 달성한 바 있다.

한편 미국의 PowerFilm사는 플렉시블한 플라스틱에 실리콘을 증착시켜서 소형 전자기기충전용 태양전지 그리고 휴대가 간편한 Roll 형태와 접어서 사용할 수 있는 Fold 형태 등 다양한 제품을 생산하고 있다.

많은 기술 개발에도 불구하고 박막형 실리콘 태양전지의 시장점유율이 낮은 것은 기술적으로 해결해야할 몇 가지 문제점이 남아있기 때문이다. 우선적으로 결정질 실리콘 태양전지에 비하여 낮은 변환효율을 개선해야 하며, 제품을 대량생산하는 기술이 확보되어야 한다. 나아가서는 박막형 태양전지도 결정질 태양전지처럼 대면적 모듈을 일관 공정으로 생산할 수 있어야 가격이 더 낮아져 시장점유율을 높일 수 있을 것이다.

(2) 화합물 박막형 태양전지

화합물 태양전지는 실리콘 이외에 반도체 특성을 갖는 화합물인 구리(Cu), 인듐(In), 갈륨(Ga), 셀레늄(Se)으로 구성된 CIGS계 박막형 태양전지, CuInSe, CuGaSe

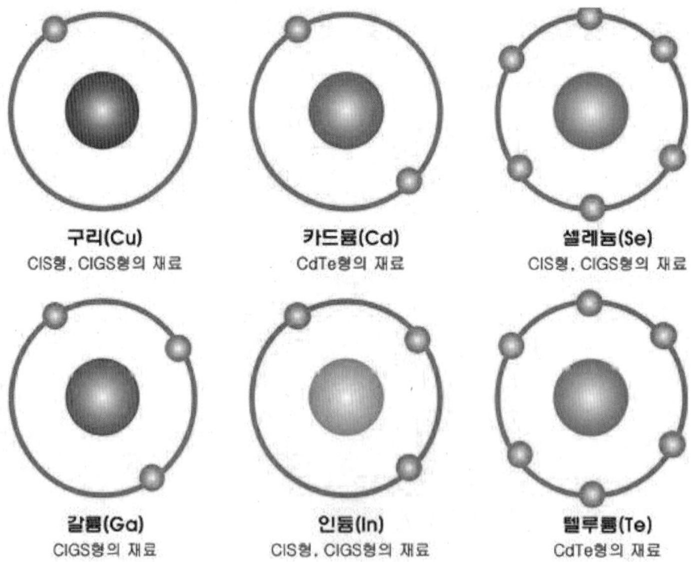

[그림 2-11] 화합물 박막형 태양전지의 구성요소

등 황동광계(chalcopyrite) 화합물 태양전지, 원소주기율표상 2족과 6족의 화합물인 CdTe계 태양전지, 그리고 3족과 5족화합물인 갈륨비소(GaAs), 인듐인(InP), 갈륨인(GaP) 태양전지 등이 있다.

화합물 태양전지의 대표격인 CIGS계 박막형 태양전지는 광 흡수계수가 반도체 중 가장 높아 두께 1−2 ㎛의 얇은 박막으로도 고효율의 태양전지 제조가 가능하다. 1980년대에 미국의 보잉사에서 우주용으로 사용하고 있던 단결정질 실리콘 태양전지의 대체품으로 GaAs계 태양전지와 함께 차세대 우주용 태양전지로 개발이 진행되었다. 우주용 태양전지에서 가장 중요한 요소는 단위중량당 발전전력량(W/kg)이며, CIGS계 박막형 태양전지는 단일접합에서도 단위중량당 발전전력량이 100 W/kg으로 단결정질 실리콘 태양전지의 20 W/kg, GaAs계 태양전지의 20~40 W/kg에 비하여 월등히 높다.

이처럼 CIGS계 박막형 태양전지는 변환효율도 19.5 %로 매우 높고 광 흡수가 매우 뛰어나 얇은 두께로도 빛을 완전히 흡수할 수 있어 차세대 태양전지로 각광을 받고 있다. 이 제품의 또 하나의 장점은 다양한 기판을 사용하여 여러 방면에 응용할 수 있다는 것이다. 즉, 유연성 있는 플라스틱 기판을 사용하여 구부릴 수 있는 플렉시블 태양전지를 만들수도 있다. 이러한 플렉시블 태양전지는 얇고 가벼워서 운반이나 시공이 쉽고, 롤 형태의 대형 태양전지로 제작도 가능하다. 많은 장점을 가진 CIGS계 박막형 태양전지는 건축용, 일상 생활용 등 다양한 용도로 개발되고 있지만, 한 가지 문제점을 가지고 있는데, 그것은 주요 원료인 인듐의 자원량이 적다는 것이다. 하지만 인듐을 대체할 소재가 계속 연구되고 있어 그 문제가 해결되면 가격이 낮아져서 시장점유율은 급격히 늘어날 것이다.

3. 차세대 태양전지

(1) 염료감응형 태양전지(Dye-Sensitized Solar Cell, DSSC)

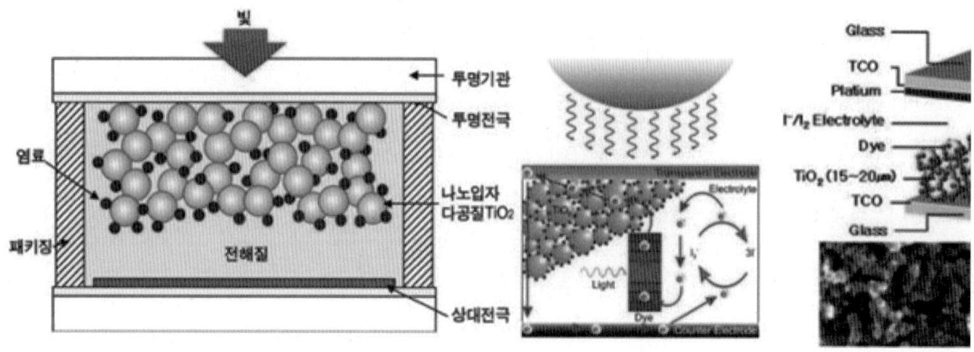

[그림 2-12] 염료감응형 태양전지의 원리

염료감응형 태양전지의 가장 큰 장점은 실리콘을 사용하지 않고, 저가의 일반적인 소재를 사용하여 태양전지를 제조할 수 있다는 것이며, 따라서 제조가격이 저렴하다. 이러한 가격 측면 이외의 다른 장점으로 염료감응형 태양전지는 날씨가 흐려도 어느 정도 발전이 가능하며 또한 빛의 조사 각도가 10도만 되어도 전기가 생산된다. 그

[그림 2-13] 소니에서 디자인한 염료감응형 태양전지

리고 투명 또는 반투명하게 만들 수도 있고 사용하는 유기염료의 종류에 따라 황색, 적색, 녹색, 청색 등 다양한 색상과 아름다운 무늬를 가진 태양전지도 만들 수 있다. 여러 장을 겹쳐 다중 적층형으로 생산하면 같은 면적에서 2배, 3배 이상의 발전도 가능하다. 이러한 장점을 가진 염료감응형 태양전지는 앞으로 건물의 유리창호, 소형전기전자제품, 군사용 등으로 널리 활용될 것이다.

아모퍼스 실리콘과 같은 성능을 가지면서도 아직까지 실용화가 더딘 이유는 내구성이 약하기 때문이며, 현재 내구성을 올리기 위해 젤 타입의 전해질을 개발하는 등 다양한 연구가 진행되고 있다.

(2) 유기화합물 태양전지(Organic PV, OPV)

유기화합물 태양전지는 3세대 태양전지의 하나로 실리콘계 태양전지보다 변환효율은 떨어지지만 다양한 용도로 개발이 가능하며 아주 저렴한 가격으로 발전할 수 있는 플라스틱 필름 형태의 태양전지이다. 일반적으로 플라스틱의 원료인 유기물질 재료는 전기가 통하지 않는 절연물질로 알려져 왔다. 그러나 1970년대 초 일본 도쿄공대 연구소의 시라카와 히데키 교수팀이 실험 도중 우연히 전기가 흐르는 고분자화합물(전도성 폴리머)을 발견하였으며, 전도성 폴리머를 발견한 공로로 노벨화학상을 받았다. 이렇게 개발된 전도성폴리머는 일반전도체인 금속보다 훨씬 가볍고 성형하기 쉬워 컴퓨터의 백업 전지나 플라스틱 축전지, 휴대전화의 화면표시장치 등 많은 분야에 응용되었으며 유기물 태양전지도 이 기술을 응용하여 개발되었다.

유기화합물 태양전지의 최대 장점은 인쇄공정으로 제조할 수 있다는 점이다. 종이 대신에 기판이 되는 재료를 쓰고, 잉크 대신에 태양전지의 재료가 되는 유기물을 녹인 용액을 코팅하면, 단시간에 대량 생산이 가능한 공정을 개발할 수 있다. 또한 유기화합물의 종류를 바꿈으로써 색상 조절이 가능하므로, 광고물이나 포스터처럼 만들어서 벽이나 기둥에 붙여서 발전하는 태양전지의 제조 또한 가능하다.

이처럼 유기화합물 태양전지는 매우 가볍고 플렉시블하며 프린팅까지 가능하여 종래의 실리콘계 태양전지로는 구현할 수 없었던 값싸고 다양한 용도의 응용제품 개

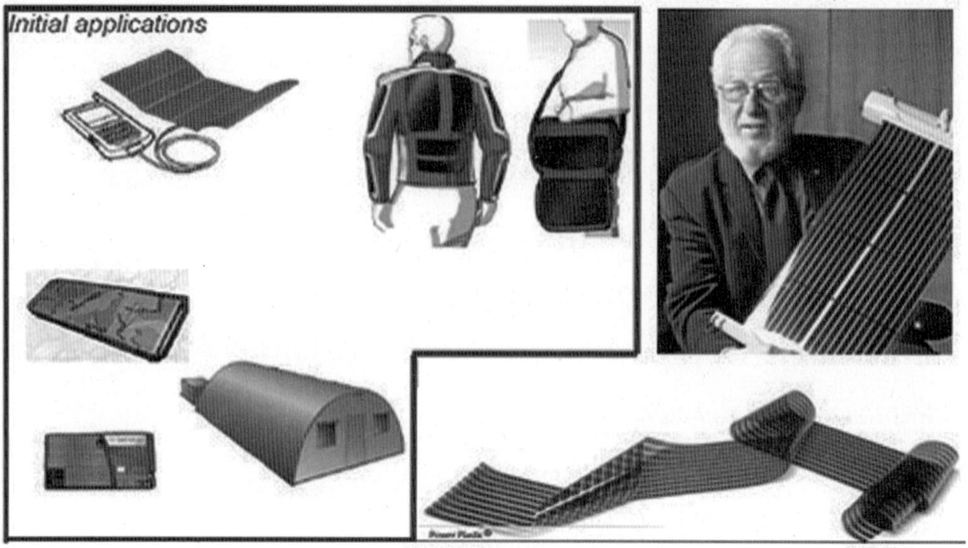

[그림 2-14] 유기물 태양전지의 다양한 응용분야

[그림 2-15] 유연하게 휘어지는 태양전지

발이 가능하여 미래의 태양전지로 기대되고 있다.

유기화합물 태양전지는 1970년대부터 그 가능성이 제기되었으나 효율이 1 %정도로 매우 낮아 오랜 기간 동안 상품화되지 못하였다. 그러나 2005년에 일본의 한 연구소에서 나노구조의 pn접합을 이용하여 변환효율을 4 %까지 향상시켰으며 계속 연구 개발한 결과 지속적인 효율 증가를 보여 현재 단층 구조에서 5 %, 2층 적층구조에서 6.5 % 대의 상당한 효율을 보일 정도로 발전하였다. 현재는 미국의 Konarka사와 Plextronics사, 일본의 DNP사 등의 여러 회사에서 많은 실용화 프로젝트 연구가 진행 중이다.

(3) 나노태양전지

앞에서 언급한 것처럼 태양전지의 연구개발과제 중 가장 중요한 요소는 변환효율이 높은 태양전지를 만드는 것이며, 이 관점에서 가장 기대가 높은 태양전지가 바로 양자점 태양전지(Quantum dot PV)이다. 양자점이란 알기 쉽게 설명하면 소립자, 특히 전자를 3차원적인 작은 공간(나노미터의 크기)에 가둔 상태를 말한다. 크기가 다른 양자점을 일정하게 정렬시켜 태양광을 비추면 흡수되는 태양광의 파장이 변화하게 된다. 이런 특성을 잘 이용하면 지금까지 개발된 태양전지와 전혀 다른 새로운 태양전지를 만들 수 있다. 반도체 양자점을 이용한 태양전지는 양자점의 크기를 다양하게 함으로서 특정한 파장의 빛만 흡수하게 만들 수 있다. 작은 크기의 양자점은 짧은 파장의 푸른 색을 띠는 빛을 흡수하고, 크기가 큰 양자점에서는 긴 파장의 붉은색 빛을 흡수한다. 여러 크기의 양자점을 많이 만들어 정렬시키고, 그 간격을 좁혀주면 양자점 사이에 상호작용이 일어나게 되어 새로운 광흡수대가 형성된다. 이런 특성을 잘 이용하면 단파장에서부터 장파장에 이르기까지, 흡수할 수 있는 광파장의 폭이 기존 방식의

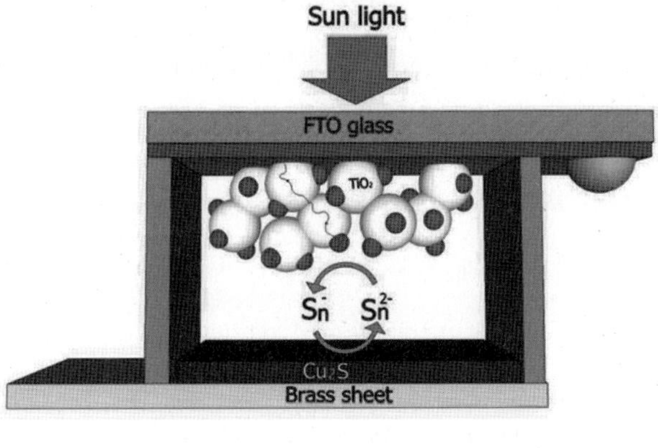

[그림 2-16] 양자점 태양전지

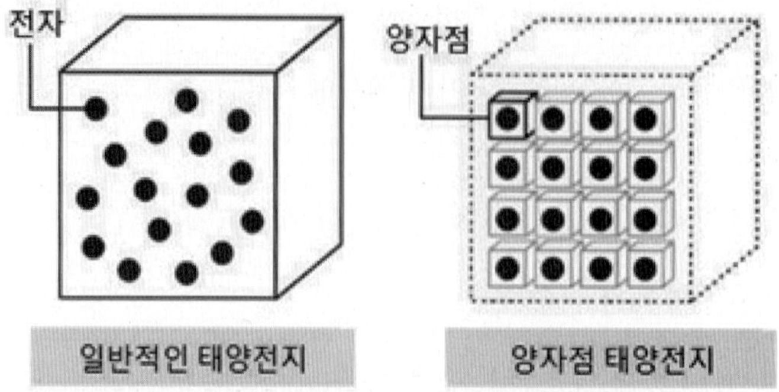

양자점 태양전지는 전자를 나노 크기의 상자에 가둠으로써 발전 효율을 높인다.

[그림 2-17] 일반 태양전지와 양자점 태양전지의 비교

태양전지보다 훨씬 넓어져 태양광 스펙트럼 전체를 커버하는 것이 가능해져서 실리콘 태양전지보다 매우 높은 효율을 지닌 차세대 태양전지를 만들 수 있는 것이다. 그러나 필요한 크기의 양자점을 규칙적으로 밀도 높게 정렬시키는 기술이 아직 완전히 개발되지 못하여 아직 실용화는 되지 않고 있다. 향후의 연구과제는 자외선 이외에도 가시광선과 적외선 빛을 효율적으로 흡수할 수 있는 나노구조를 가진 다양한 크기의 양자점을 개발하여 고효율, 저비용의 우수한 태양전지를 생산하는 것이다.

(4) 우주용 태양전지

빛에서 전기를 얻을 수 있다는 이론은 1839년 프랑스의 물리학자 에드몬 베크렐(Edmond Becquerel)에 의해서 처음 발견되었다. 그러나 당시의 변환효율은 1 % 정도 밖에 되지 않아 상업화를 시킬 수가 없었다. 그 이후 1954년 미국의 벨 연구소에서 세계 최초로 실리콘의 p-n접합 기술을 이용하여 4 %의 효율을 내는 결정질 실리콘 태양전지 개발에 성공하였다. 이런 연구 성과가 당시 미국 NASA에서 개발 중이던 인공위성의 전원으로 개발되는 계기가 된 것이다. 처음으로 태양전지를 인공위성의 보조전원으로 적용시킨 것은 1958년에 발사된 뱅가드(Vangard) 인공위성부터이며, 그 전에 발사되었던 세계최초의 인공위성인 소련의 스푸트니크 1호와 미국의 익스플로러 1호는 무거운 납축전지를 전원으로 이용하였다. 그 이후 현재까지 태양전지는 인

공위성의 주 전력원으로 사용되고 있다.

우주에서 사용되는 태양전지는 우주라는 특수한 환경에서 사용되는 것이므로 지상용 태양전지와는 다른 특성을 가지고 있어야 한다. 우선 우주에서는 높은 에너지를 가진 양자선이나 전자선 등의 방사성 물질에 노출되어 있기 때문에 그것에 의하여 반

[그림 2-18] 우주정거장에 설치된 태양전지

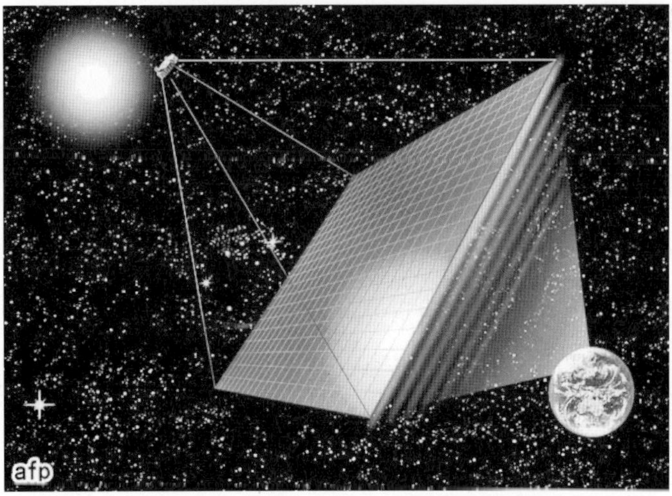

[그림 2-19] 우주태양광발전시스템 구상도

도체 내부에서 격자결함이 발생하여 태양전지의 출력이 저하된다. 인공위성용 태양전지는 이러한 내방사선 문제를 해결하여야 하며, 일반적으로 결정질실리콘 태양전지는 방사선에 약한 것으로 알려져 있지만 박막화를 통해 내방사선 특성을 보강시킨 우주용 태양전지는 우주에서 12~14 %의 변환효율을 얻을 수 있다. 그리고 GaAs(갈륨비소), InP(인듐인) 등의 화합물계 태양전지는 일반적인 결정질 실리콘 태양전지보다 내방사선 특성이 우수하며 변환효율 또한 높아 인공위성 전원으로 많이 사용되고 있다. 인공위성에 사용되는 화합물계 태양전지의 변환효율은 단일접합의 경우에도 GaAs화합물 태양전지가 19 %, InP화합물 태양전지가 16~19 %로 매우 높은 편이다. 최근에는 내방사선 특성이 더 우수한 태양전지로서 CIGS계 태양전지가 주목을 받고 있다.

인공위성은 제조비용 및 발사비용을 줄이기 위하여 더 가볍고 더 작은 고효율의 태양전지를 요구하고 있다. 이런 특수조건에 맞추어 제조비용은 비싸지만 매우 높은 변환효율을 낼 수 있는 다접합 태양전지도 우주용으로 많이 이용된다. 다접합 태양전지는 우주의 태양광조건(AM 0)에서 34~36 %의 고효율을 기대할 수 있어 단일 접합보다 훨씬 효율적으로 태양에너지를 이용할 수 있기 때문이다.

04 태양광발전시스템

태양전지는 빛이 있어야만 발전이 가능하다. 그리고 '전지'라고 이름이 붙여져도 축전지(Battery)처럼 전력을 저장하는 기능은 없다. 비가 올 때나 어두운 야간에는 빛이 부족하여 발전을 할 수가 없어 전기를 할 수 없다. 태양광발전시스템은 단순히 태양전지만 있는 것이 아니라, 태양광이 충분할 때 생산한 전기를 바로 전력 계통으로 송전하거나, 또는 적절한 전력저장 장치에 전기에너지를 저장하여 두었다가 필요할 때 사용하는 설비를 모두 포함한다.

1. 계통연계형 태양광발전시스템

한국의 가정이나 건물에 설치되어있는 태양광발전시스템은 일반적으로 축전지를 사용하지 않고 바로 전력회사(한전)의 송전망(계통)에 접속시켜, 햇볕이 있는 낮에는 태양광 발전으로 생산된 전기를 바로 사용하고 남는 전기는 전력회사(한전)에 판매하고, 야간이나 발전량이 모자랄 때는 한전에서 공급하는 전기를 사용하는 방식이다. 이러한 시스템을 계통연계형 태양광발전시스템이라고 하며 전력회사의 전력망 자체가 큰 축전지의 역할을 하고 있다고 말할 수 있다.

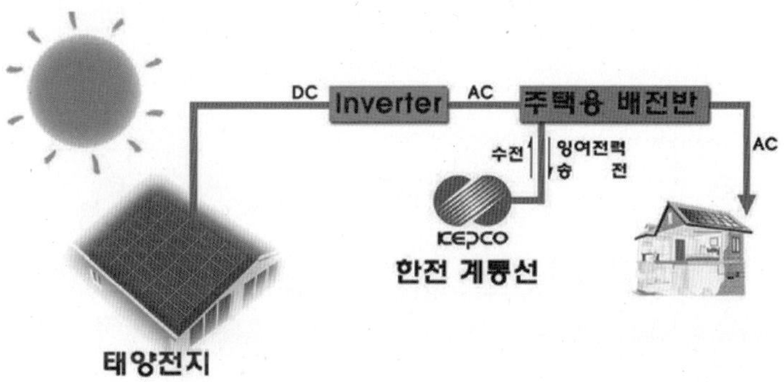

[그림 2-20] 계통연계형 태양광발전시스템

[그림 2-21] 주택에 설치된 계통연계형 태양광발전시스템

2. 독립형 태양광발전시스템

계통연계를 하지 않고 태양전지로 생산한 전기를 모두 축전지에 저장하고, 전기가 필요할 때 마다 축전지에서 꺼내어 사용하는 방식을 독립형 태양광발전시스템이라 부른다. 이 방식은 축전지 비용이 추가로 들지만 전력망에 접속하는 비용과 유지관리비 등을 줄일 수 있어 소비전력이 비교적 적거나 송전망으로부터 멀리 떨어진 경우에 사용된다. 전기가 들어오지 않는 오지 마을과 등대용 전원, 가로등, 교통표지판, 군사용, 무선통신기지국의 전원, 농장용 양수기의 전원, 휴대용 태양광발전장치, 레저용 태양광기구, 소형의 모듈에 축전기를 직접 조립한 여러 가지 기구들과 인공위성용 태양광발전장치 등은 모두 독립형으로 분류할 수 있다.

아프리카나 인도 등 국가 전력 시설이 열악한 나라에서는 UN의 도움으로 한 마

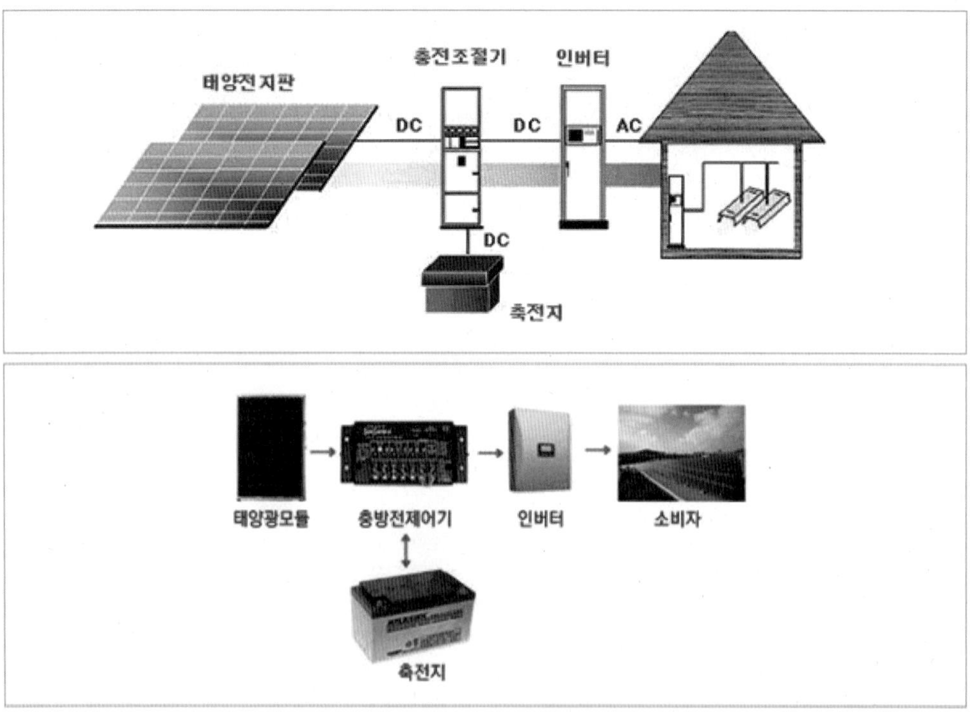

[그림 2-22] 독립형 태양광발전시스템

[그림 2-23] 요트에 설치된 독립형 태양광발전시스템

을이나 가정에 독립형 태양광발전시스템이 지원되고 있다. 또한 정전 시를 대비하여 비상용 전원으로 설치하는 경우도 있고 재해대책용으로 계통연계형과 독립형을 이중으로 병설하는 경우도 있다.

05 태양열 발전

태양열 발전은 빛에너지를 바로 전기에너지로 전환하는 태양광 발전과 달리, 태양의 열에너지를 기계에너지를 거쳐 전기에너지로 변환하는 발전 방식이다. 태양열 발전은 어떤 식으로 태양열을 집속하느냐에 따라 크게 네 가지로 나누어진다. 〈표 2-1〉에 각 방식의 특징을 나타내었다.

〈표 2-1〉 태양열 발전 시스템의 기술 비교

기술	집광 농도 (X 태양)	고온부 온도 (℃)	열열학적 사이클 효율
포물선형 홈통 시스템 (선형 프레넬 반사판 시스템)	100	300 ~ 500	낮음
파워 타워 시스템	1,000	500 ~ 1,000	중간
포물선형 접시/엔진 시스템	3,000	800~1,200	높음

1. 포물선형 홈통 시스템(parabolic trough system)

[그림 2-24]에 보이는 것과 같이 포물선형의 긴 홈통 모양의 거울을 이용하며, 포물선형의 초점 위치에 집열을 위한 유체가 흐르는 집열기를 설치한다. 이 유체는 홈통 위를 지나가는 동안 가열되어 증기 발생기로 이송된다. 열교환을 통해 증기를 발생시킨 이후에는 다시 집열기로 공급이 된다. 생산된 증기는 일반 화력발전과 동일하게 발전터빈을 구동하여 전기를 생산하게 된다. 홈통은 남북 방향으로 나란히 배치하며, 경우에 따라서는 동에서 서로 태양을 추적할 수 있게 한다.

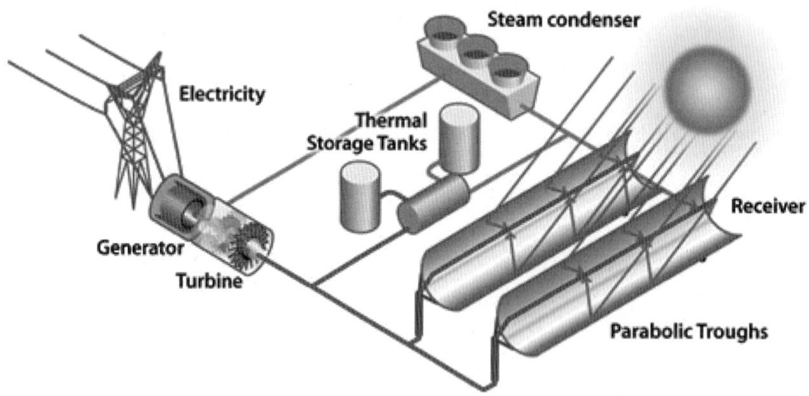

[그림 2-24] 포물선형 홈통 시스템

2. 선형 프레넬 반사판 시스템(linear Fresnel reflectors system)

[그림 2-25]에 보이듯이 포물선형의 긴 홈통 모양의 거울을 사용하는 대신에 평판형의 프레넬 반사판을 사용하는 것이며, 다른 특성은 포물선형 홈통 시스템을 이용하는 태양열 발전과 유사하다.

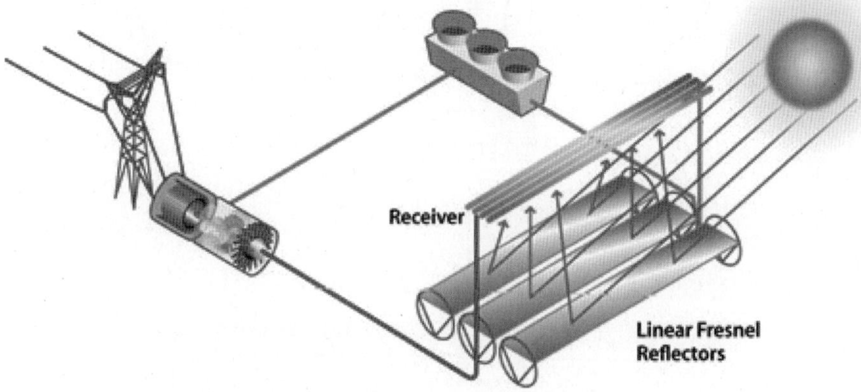

[그림 2-25] 선형 프레넬 반사판 시스템

3. 파워 타워 시스템(power tower system)

[그림 2-26]에 보이는 것과 같이 많은 수의 태양추적 거울을 사용하여 태양열을 한 군데로 집중시킨다. 태양열이 집중되는 부위에 파워 타워를 건설하고 집열 장치를 설치한다. 집열 장치는 열전달을 위한 유체가 순환할 수 있도록 되어 있으며, 집열 장치는 고온으로 가열되므로 열전달과 에너지 저장능력이 좋은 용융질산염을 유체로 사용한다. 고온으로 가열된 유체는 열교환기를 거쳐 증기를 생산하며, 생산된 증기는 일반 화력발전과 동일하게 발전터빈을 구동하여 전기를 생산하게 된다.

집열 장치에 지속적으로 집열을 하기 위해서는 모든 거울이 태양을 추적할 수 있어야 하며, 고효율 용융염 저장장치를 이용하면 태양열이 없는 밤이나 흐린 날에도 축적된 열을 이용하여 발전이 가능하다.

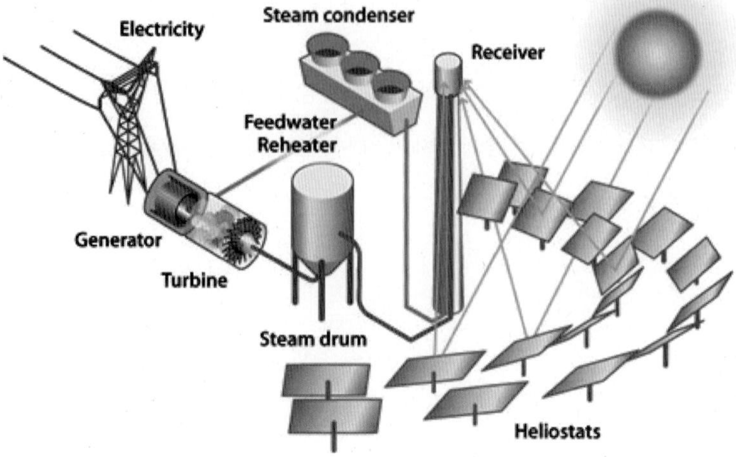

[그림 2-26] 파워 타워 시스템

[그림 2-27] Solar Two 태양열 발전소

[그림 2-27]은 미국 캘리포니아의 모하비 사막에 설치된 10 MW 용량의 Solar Two 발전소의 전경이다. Solar Two는 1,926장의 거울을 사용하였으며, 7,500 가구에 전력을 공급할 수 있다.

4. 포물선형 접시/엔진 시스템(parabolic dish/engine system)

[그림 2–28]은 포물선형 접시/엔진 시스템을 이용한 태양열 발전소의 구성 및 설치사진이다. 포물선형 접시에서 집열이 되는 초점 부위에 발전을 위한 엔진을 장착하고, 각각의 접시에서 발전된 전기를 모아서 사용한다. 엔진은 주로 효율이 높은 스털링 엔진(Sterling engine)을 사용하며, 접시는 태양을 추적할 수 있어야 한다.

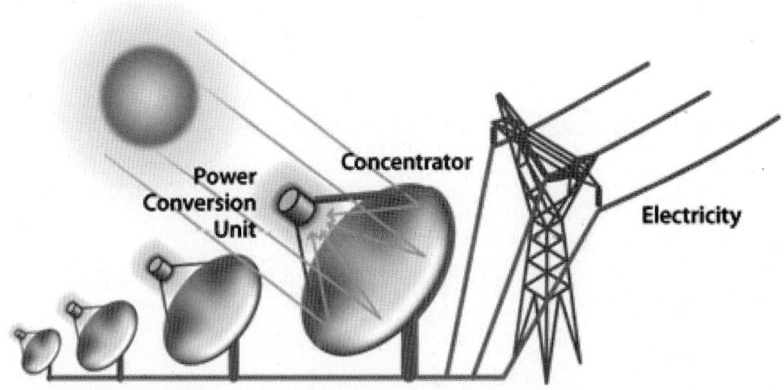

[그림 2–28] 포물선형 접시/엔진 시스템 구성 및 설치 사진

단/원/정/리

1. 태양에너지를 이용하는 분야로는 태양광과 태양열 분야가 있다.

2. 태양전지는 빛에너지를 직접 전기에너지로 바꾸는 광전효과를 기본원리로 한다.

3. 실리콘의 P-N 접합에 빛을 비추면 정공과 전자가 발생하며 정공은 P 쪽으로 이동하여 +극을, 전자는 N 쪽으로 이동하여 −극을 형성하다.

4. 태양전지에 입사하는 태양광에너지가 단위면적당 얼마나 많은 전기를 발생시켰는가를 나타내는 척도가 변환효율이다.

5. 태양전지의 표준시험 기준(STC)은 AM 1.5, 온도 25 ℃, 조사강도는 1,000 W/m^{2}이다.

6. 태양전지의 전기적 성능 평가요소는 전압, 전류, 충진율 및 변환효율이며, 전압–전류 특성 그래프로부터 계산할 수 있다.

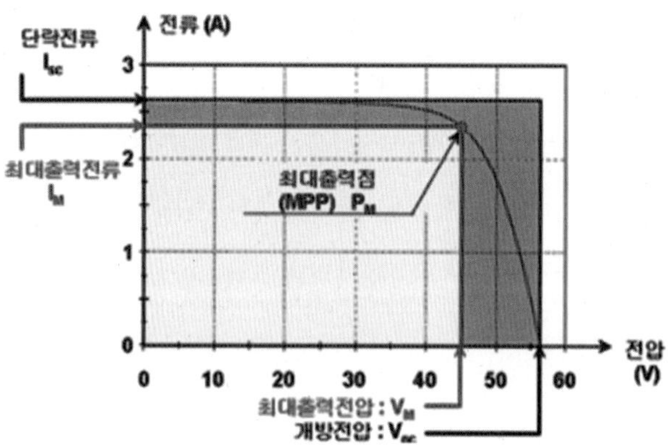

Fill factor (충진율):

$$FF = \frac{V_M \cdot I_M}{V_{OC} \cdot I_{SC}} \times 100\%$$

Efficiency (변환효율):

$$ETA = \frac{V_M \cdot I_M}{E \cdot A} \times 100\%$$

E : Irradiance 총 조사강도
A : 소자 면적

7. 결정질 실리콘 태양전지는 단결정질 실리콘(mono–Si) 태양전지와 다결정질 실리콘(polyi–Si) 태양전지로 나뉘며, 단결정의 변환효율은 16~18 %로 다결정보다 1~2 % 높다.

8. 박막형 태양전지로는 박막형 비정질 실리콘 태양전지와 화합물 박막형(CIGS, CdTe 등) 태양전지가 있다.

단/원/정/리

9. 차세대 태양전지로는 염료감응형 테양전지, 유기화합물 태양전지, 나노 태양전지, 우주용 태양전지 등이 있다.

10. 태양광 발전시스템은 전력망과 연결된 계통연계형과 전력망과 연결되고 않고 축전기를 사용하는 독립형이 있다.

11. 태양광 발전시스템은 태양전지 모듈, 축전지, 인버터 및 전력조절장치로 구성되어 있다.

12. 태양열 발전시스템은 포물선형 홈통 시스템, 선형 프레넬 반사판 시스템, 파워 타워 시스템, 포물선형 접시/엔진 시스템이 있다.

CHAPTER 3

풍력에너지

01 풍력발전의 개요

인류는 수천 년 동안 다양한 용도로 풍력에너지를 이용해 왔다. 옛날에는 곡식을 가공하거나 물을 끌어올리는 용도로 많이 사용해 왔으며, 현재는 전기를 생산하기 위한 용도로 풍력에너지를 사용한다. 풍력발전이란 바람이 가지고 있는 운동에너지를 기계적 에너지로 변환시키고 이로부터 전기를 얻는 기술이다. 19세기 말부터 풍력에너지를 활용하여 전기를 생산하기 위한 다양한 시도가 있었으나, 1980년대가 되어서야 풍력발전과 관련한 대규모 사업이 형성되었다. 특히 기술의 발전으로 전기를 생산하는 풍력발전기(wind turbine)의 대형화가 가능해지면서 많은 풍력발전단지(wind farm)가 현재까지 계속 건설되고 있다.

1. 풍력발전의 역사

바람이 가지고 있는 에너지는 예전부터 선박의 동력이나 곡물의 제분 및 물을 끌어올리는 용도로 널리 사용되었다. 대표적으로 네덜란드에서는 물을 바다로 보내는 펌프 역할로 풍력에너지를 사용했었고, 미국의 중부나 호주의 아웃백과 같은 건조한 기후의 지역에서는 생활에 필요한 물을 얻기 위하여 풍력에너지를 펌프의 동력원으로 사용하였다. 전기를 생산하는 최초의 풍력발전기는 1887년 7월에 스코틀랜드의 앤더슨 대학에 있는 제임스 블라이스 (James Blyth) 교수에 의해 만들어졌다. 비슷한 시기인 1888년에는 미국 오하이오주 클리브랜드에서 브러쉬(Charles Brush)가 풍력발전기를 개발하였다. 브러쉬의 풍력발전기는 로터의 직경이 17 m이며 12 kW의 정격용량을 가진 다익형 발전기였으며, 1900년까지 사용되었다. 브러쉬의 풍력발전기 형태는 다음의 그림과 같다.

[그림 3-1] 브러쉬의 풍력발전기

초기형태의 풍력발전기 개발 이후 많은 사람들의 노력을 통하여 점차 그 형태가 개선되고 용량도 증가하였다. 덴마크의 라쿨(Poul La Cour)은 발전기의 회전수를 조절하는 속도조절장치를 발명하여 풍력발전기의 출력 안정화에 기여하였으며, 제이콥스(Jacobs) 형제는 소형 풍력발전기를 개발하여 약 1만대 정도를 제작 및 판매하는데 성공하였다. 1950년대에 들어 율(Juul)은 세계 최초로 교류 풍력발전기를 개발하여 현대 풍력발전기의 기본 모델을 정립하였고, 1970년대에는 덴마크 정부의 강력한 정책적 지원에 의해 풍력산업이 크게 성장하였다. 1980년대에는 수십 kW급의 풍력발전기가 상용화 되었으며, 1990년대 후반에는 750 kW급의 풍력발전기가 상용되었다. 이후 발전을 거듭하여 현재는 7 MW급의 풍력발전기가 개발되고 있다.

2. 풍력발전의 장단점

풍력발전은 중요 신재생에너지원의 하나로, 기존의 원자력발전이나 화력발전 대비 장단점을 가지고 있다. 우선 풍력발전의 장점을 살펴보면 다음과 같다.

- 발전을 위해 사용하는 자원이 바람이기 때문에, 바람만 많이 부는 지역이라면 무한대에 가까운 자원을 쉽게 얻을 수 있다.
- 공해의 배출이 없기 때문에 환경에 미치는 영향이 적은 환경친화적인 발전방법이다.
- 다른 재생에너지에 비해 전력 생산 단가가 낮아 경제성이 우수하다.
- 풍력발전단지의 설치 위치에 따라 관광자원이 될 수 있다.
- 건설 및 설치기간이 비교적 짧다.
- 다른 용도로 사용하기 어려운 산간지대나 해안 등의 부지를 효율적으로 이용할 수 있다. 또한 풍력발전단지의 면적 중에서 실제로 발전설비에 이용되는 면적은 풍력발전기의 기초부, 도로, 계측 및 중앙 제어실 등으로 전체 단지 면적의 1 %에 불과하며, 나머지 99 %의 면적은 목축, 농업 등의 다른 용도로 이용할 수 있다.

풍력발전은 이러한 장점을 가지고 있으나, 다음과 같은 단점이 있어 건설 및 운영에 제약을 받는다. 구체적인 풍력발전의 단점은 다음과 같다.

- 에너지의 밀도가 낮기 때문에 바람이 충분하게 부는 지역에만 설치 가능하다.
- 초기 투자비용이 크다.
- 소음이 있다.
- 풍력발전단지의 건설이 주변 경관에 미치는 영향에 대해 부정적인 시각이 있다.
- 바람에 따라 생산되는 전기량이 변하기 때문에 소규모 전력계통에 설치하는 경우 안정적인 출력을 위해 에너지저장장치나 다른 발전원이 필요하다.

3. 풍력발전 일반

(1) 풍력발전의 원리

풍력발전의 원리를 이해하기 위해서 우선 바람이 가지고 있는 에너지를 파악할 필요가 있다. 일반적으로 운동하는 물체의 에너지는 물체의 질량을 m, 속도를 V라 할 때 다음 식으로 표현할 수 있다.

$$E = \left(\frac{1}{2}\right)mV^2$$

여기서 질량 m의 단위는 [kg], 속도 V의 단위는 [m/s]이다.

풍력발전기의 날개가 지나가는 단면적을 단위시간에 통과하는 바람의 체적은 풍속 V와 면적 A를 곱한 값으로 나타낼 수 있다. 여기에 공기의 밀도 ρ를 곱하면 질량 m을 수식으로 유도할 수 있다. 바람이 가지고 있는 에너지는 다음의 식과 같이 표현된다.

$$E = \left(\frac{1}{2}\right)mV^2 = \left(\frac{1}{2}\right)(\rho VA)\,V^2 = \left(\frac{1}{2}\right)\rho AV^3$$

바람의 에너지는 풍속의 3제곱에 비례하며, 발전기 날개가 지나가는 단면적의 크기에 비례한다. 풍력발전기는 바람이 가지고 있는 에너지를 전기에너지로 변환해주는 역할을 하며, 바람이 가지고 있는 에너지가 클수록 풍력발전기가 생산하는 전력도 증가한다. 따라서 바람이 강하게 불수록, 그리고 풍력발전기의 날개가 클수록 많은 전기를 생산할 수 있다. 바람이 가지고 있는 에너지를 최대로 변환할 수 있는 이론적인 한계는 약 60 %로 알려져 있으며, 이것을 베츠의 법칙(Betz's law) 이라고 한다.

다음의 그림은 풍력발전기가 이용할 수 있는 풍속의 범위를 나타내고 있다. 풍력발전기의 동작영역은 몇 개의 구간으로 나눌 수 있는데, 동작영역을 구분하는 지표로 시동풍속(cut–in speed), 정격풍속(rated output speed), 정지풍속(cut–out speed)을 사용한다. 시동풍속은 풍력발전기가 전기를 생산하기 위한 최소의 풍속을 의미한다. 정격풍속은 풍력발전기가 정격출력을 내기 위한 풍속이며, 정격풍속보다 크고 정

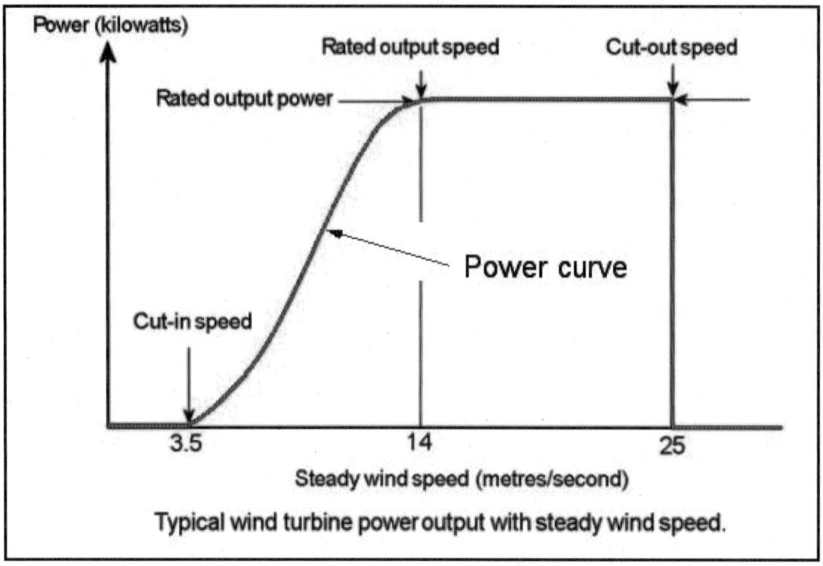

[그림 3-2] 풍속에 따른 풍력발전기 출력 예시

지풍속보다 작은 풍속에서는 풍력발전기가 정격출력에 가까운 전기를 생산한다. 마지막으로 정지풍속은 풍력발전기가 이용할 수 있는 최대의 풍속을 의미한다. 풍속이 크면 클수록 전기를 생산하기 좋은 조건이라고 생각할 수 있으나, 오히려 바람이 너무 강하게 불면 풍력발전기가 파손될 수 있기 때문에 발전을 멈춰야 한다. 이러한 동작 영역은 풍력발전기에 따라 다소 다를 수 있으나 전반적인 형태는 [그림 3-2]와 비슷하게 나타난다.

(2) 풍력발전기의 종류

풍력발전기를 분류하는 방법은 일반적으로 다음과 같다.

1) 회전축에 의한 분류

풍력발전기는 날개의 회전축의 방향에 따라 회전축이 지면에 대해 수직으로 설치되어 있는 수직축 풍력발전기와 회전축이 지면에 대해 수평으로 설치되어 있는 수평축 풍력발전기로 구분된다. 수평축 풍력발전기는 간단한 구조로 이루어져 있어 설치

[그림 3-3] 수평축 풍력발전기

[그림 3-4] 수직축 풍력발전기

하기 편리하나 바람의 방향에 영향을 받는다. 수직축 풍력발전기는 바람의 방향에 관계가 없어 사막이나 평원에 많이 설치하여 이용할 수 있지만 그 소재가 비싸고 수평축 풍차에 비해 효율이 떨어지는 단점이 있다. 일반적으로 대용량 풍력발전기의 경우 대부분 수평축 풍력발전기를 사용하고 있다.

2) 운전방식에 의한 분류

풍력발전기의 회전자 속도에 의해 정속형과 가변속형 방식으로 구분된다. 정속형(fixed rotor speed type) 풍력발전기는 풍속에 관계없이 회전자의 회전속도가 일정하며, 특정 풍속에서 최대의 효율을 낼 수 있다. 정속형 방식은 구조가 비교적 간단하고 신뢰성이 높은 특징이 있으며 초창기의 풍력발전기에 많이 사용되었다. 가변속형(variable rotor speed type) 풍력발전기는 넓은 범위의 풍속에서 최대의 효율을 얻을 수 있도록 설계된다. 가변속형은 비슷한 풍황 조건에서 정속형보다 많은 출력, 우수한 전력품질을 얻을 수 있기에 현재 개발되고 있는 대부분의 풍력발전기에 채택되고 있다.

3) 기타 분류 방식

증속기(gear)의 사용 유무에 따라 간접구동형(Geard type)과 직접구동형(Gearless type)으로 나눌 수 있으며, 공기역학 방식에 따라 양력식(Lift type)과 항력식(Drag type)으로 나눌 수 있다.

풍력발전기의 설치 장소에 따라 육상(onshore)풍력과 해상(offshore)풍력으로 나눌 수 있으며 계통연계 여부에 따라 계통연계형과 독립전원형으로 분류할 수 있다.

(3) 풍력발전기 구조

풍력 발전기는 바람이 지니고 있는 에너지를 우리가 사용할 수 있는 전기에너지로 바꿔주는 장치이다. 불어오는 바람은 풍력 발전기의 날개를 회전시키고, 이때 생긴 날개의 회전력으로 전기를 생산할 수 있다. 구체적으로 살펴보면 바람이 가지고 있는 에너지를 회전력으로 변환하는 날개(blade), 날개를 연결하는 허브(hub), 회전력을

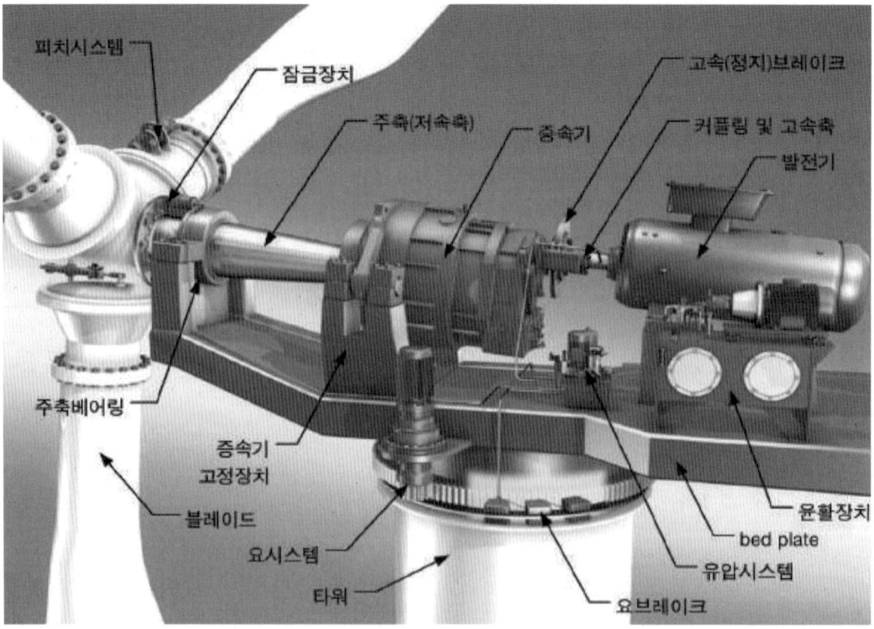

[그림 3-5] 풍력발전기 구조

전달하는 주축(main shaft), 발전기, 타워 및 바람이 불어오는 방향으로 나셀(nacelle)을 회전시키기 위한 요(yaw) 시스템으로 구성되어 있으며, 발전기 형태에 따라 피치 시스템(pitch system)이나 증속기(gear box) 역시 풍력발전기의 구성요소가 된다.

(4) 풍력발전의 설비이용률

풍력발전단지의 효율적인 운영을 판단할 수 있는 지표로 설비이용률이 자주 사용된다. 설비이용률은 풍력발전기의 정격출력에 대한 발전량의 비율을 의미하며 다음과 같이 계산된다.

$$\text{설비이용률}(\%) = \frac{(\text{연간발전량})}{(\text{풍력발전기}(\text{단지})\text{정격출력}) \times 365\text{일} \times 24\text{시간}} \times 100$$

만약 정격용량이 2 MW인 풍력발전기를 1년 동안 사용했는데 연간발전량이 5,256 MWh 이면 설비이용률은 30 %가 된다.

$$\frac{5,256}{2 \times 365 \times 24} = 0.3 = 30\ \%$$

현실적으로 풍력발전기가 정격출력을 낼 수 있을 정도의 바람이 계속 불지 않기 때문에 풍력발전기의 설비이용률은 20~40 %에서 결정된다. 일반적으로 육상에 설치되는 풍력발전단지의 설비이용률보다 충분한 바람을 이용할 수 있는 해상에 설치되는 풍력발전단지의 설비이용률이 다소 높은 것으로 알려져 있다.

4. 풍력발전단지의 건설

경상북도 영덕의 풍력발전단지 건설과정을 통하여 실제 풍력발전단지 건설에 대하여 알아본다. 영덕풍력발전단지는 경상북도 영덕군 영덕읍 창포리에 건설한 풍력발전단지로, 영덕의 관광지인 해맞이공원 인쪽 언덕에 조성되어 있다. 면적은 166,117 m^2이며 사업비 675억 원을 들여 1년여 동안 건설하고, 2005년 3월 21일부터 가동을

1. 터파기 및 다짐작업

2. 철근조립

3. 임베드(Embed) 설치

4. 날개 운송

5. 타워(Tower) 및 로터(Rotor) 설치

6. 완성된 풍력발전단지

[그림 3-6] 영덕풍력발전단지 건설과정

시작하였다. 총 시설용량은 39.6 MW로, 1,650 kW급 풍력발전기 24기가 설치되어 있으며 그밖에 변전소 1동, 송전선로, 홍보관 등의 시설을 갖추고 있다. 발전량은 연간 96,680 MWh로 약 2만 가구가 사용할 수 있는 전력인데 이는 영덕군민 전체가 1년간 사용할 수 있는 양이다. 높이 약 80 m의 발전기들이 바다가 내려다보이는 언덕 위에 자리 잡고 있는 이채로운 풍경으로 관광지로도 각광받고 있다. 영덕풍력발전단지의 건설과정을 살펴보면 [그림 3-6]과 같다.

5. 풍력발전과 환경

화석연료를 사용하는 발전방식과 비교하여 봤을 때, 풍력발전이 환경에 미치는 영향은 미미한 편이다. 기본적으로 연료를 사용하지 않으므로 발전과정에서 이산화탄소가 전혀 발생하지 않는 매우 바람직한 발전 방식이라 할 수 있다. 풍력발전이 환경에 미치는 영향으로는 대표적으로 풍력발전기에서 발생하는 소음, 경관에 대한 영향 및 생태계에 미치는 영향이 있다. 풍력발전기에서 발생하는 소음은 기계장치에서 발생하는 기계적 소음과, 발전기 날개에서 발생하는 공기역학적 소음으로 나눌 수 있는데, 그 크기는 [그림 3-7]과 같다.

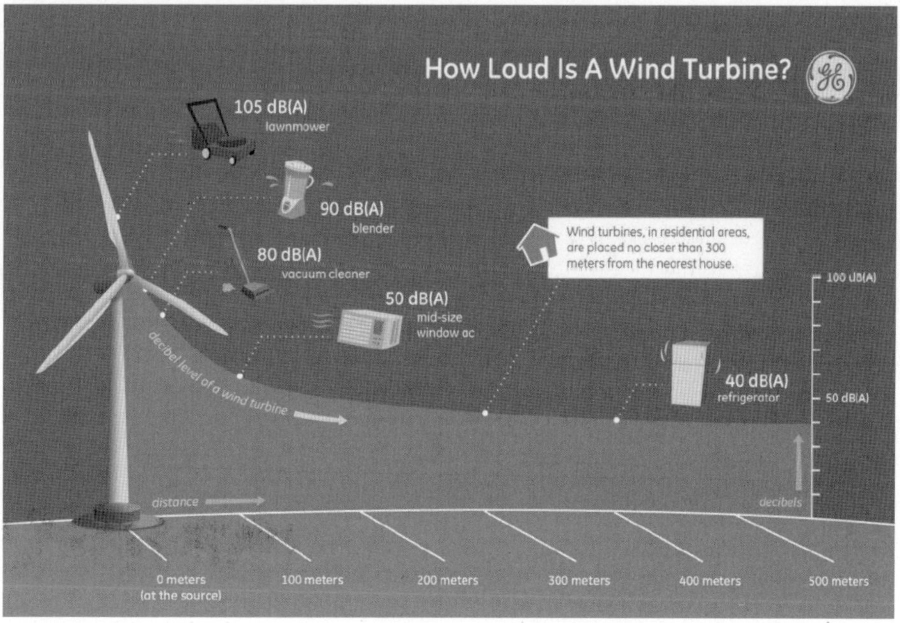

[그림 3-7] 풍력발전시설의 소음영향 정도

풍력발전기에서 발생하는 소음의 크기는 작지 않으나, 300 m 정도 거리를 두고 풍력발전기를 설치할 경우에 국내의 생활소음 기준인 45~65 dB를 만족한다고 알려져 있다. 우리나라의 경우 대부분 주택과 인접하지 않는 지역에 풍력발전단지를 건설하고 있어 소음으로 인한 피해가 보고된 적은 많지 않다.

사람마다 풍력발전기가 경관에 미치는 영향에 대한 생각이 다르기 때문에 이를 정량화하기에는 다소 어려운 측면이 있다. 풍력발전기가 경관을 매우 해친다고 생각하는 사람도 있고, 풍력발전단지가 관광자원으로 활용될 수 있을 정도의 시설이라고 생각하는 사람도 있다. 다만 풍력발전단지가 점점 대형화 되고 있고, 생산된 전력을 연계하기 위한 추가적인 송/배전 선로가 건설됨에 따라 경관에 미치는 영향이 증가하고 있는 추세이기 때문에 발전단지 건설과 관련한 계획을 수립할 때 주변 경관에 미치는 영향을 반드시 고려할 필요가 있다.

풍력발전기 특성상 육상에서 생활하는 동물보다는 조류에 미치는 영향이 더 많이 보고되고 있다. 풍력발전단지는 조류의 서식지 및 이동경로에 영향을 줄 수 있고, 특히 철새에게 피해를 줄 수 있다고 알려져 있다. 대표적으로 독수리, 매와 같은 맹금류 및 박쥐 등이 풍력발전기에 부딪혀 죽은 사례가 보고된 바 있다.

02 풍력발전 현황

세계풍력에너지협회(WWEA)에서 발표한 자료에 의하면, 2012년 한해에 약 44.6 GW 용량의 풍력발전기가 설치되었으며 전체 설치된 누적 용량은 약 282.3 GW의 규모를 보이고 있다. 매년 설치되는 풍력발전량은 지속적으로 증가 추세를 보이고 있으며 지난 10년간 평균 30 %의 성장률을 나타내고 있다.

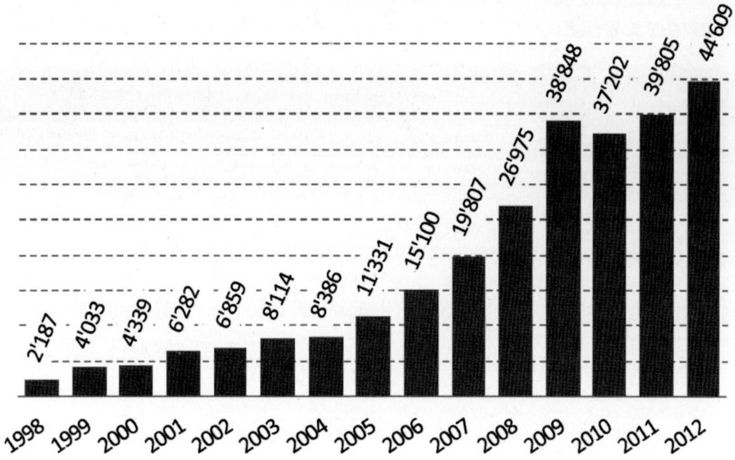

[그림 3-8] 2012년도 기준 전 세계 신규 풍력발전 설치 용량(MW)

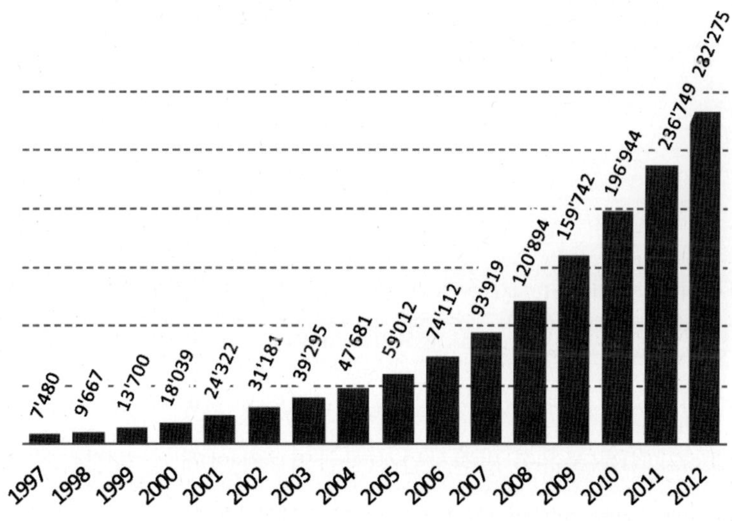

[그림 3-9] 2012년도 기준 전 세계 누적 풍력발전 설치 용량(MW)

1. 국내 현황

국내의 풍력발전은 환경문제의 대두에 따라 신재생에너지에 대한 관심이 높이지기 시작한 1990년대 후반부터 본격적인 개발 및 보급이 진행되었다. 국내 풍력산업 초기에는 주로 외국산 제품이 설치되었으나, 최근에는 국내 풍력발전기의 점유율

연도별 풍력 설비용량 및 발전량

년도	설 비 용 량(KW)		발전량(MWh)	비고
	신 규	누 계		
~ 99	3,345	3,345	5,839	
2000	1,500	4,845	16,685	
2001	1,980	6,825	12,590	
2002	3,750	10,575	14,881	
2003	3,480	14,055	24,865	
2004	23,390	37,445	20,067	
2005	28,000	65,445	104,685	
2006	109,350	174,795	218,839	
2007	21,150	195,945	362198	
2008	105,250	301,195	421,360	
2009	50,900	352,095	678,104	
2010	21,250	373,345	811,788	
2011	33,000	406,345	857,645	
2012	76,300	482,645	908,447	
2013	78,650	561,295	1,143,548	
2014	47,200	608,500	1,136,285	
2015	196,350	804,850	-	기준일: 2015년 10월 31일

*설비용량 : 한국풍력산업협회(KWEIA) "2015년10월 풍력설비용량 현황 조사"
*발전량 : 전력거래소(KPX) "전력통계정보시스템" 2015년 10월 DATA

[그림 3-10] 국내 풍력 설비용량 및 발전량

이 점차 증가하는 추세이다. 2015년 10월 기준으로 국내의 풍력발전 누적설치 용량은 804 MW로 집계되고 있으며, 아직까지는 베스타스사와 같은 외국의 유명 회사의 제품이 많이 설치되어 있다. 국가에서는 일정규모(500 MW) 이상의 발전설비(신재생에너지 설비는 제외)를 보유한 발전사업자(공급의무자)에게 총 발전량의 일정비율 이상을 신·재생에너지를 이용하여 공급토록 의무화한 제도(RPS, renewable portfolio standard)를 시행하고 있어 향후 더 많은 풍력발전단지 개발이 기획되고 건설될 예정이다.

국내에 건설된 대부분의 풍력발전단지는 바람자원이 풍부한 산간 지역이나 바닷가, 혹은 도서지역(대표적으로 제주도)에 설치되어왔다. 대표적인 풍력발전단지로는 경상북도 영덕의 영덕풍력발전단지(39.6 MW), 그리고 강원도 대관령의 강원풍력발전단지(98 MW)가 있으며, 제주도의 경우는 해안가를 따라 다수의 풍력발전단지가 건

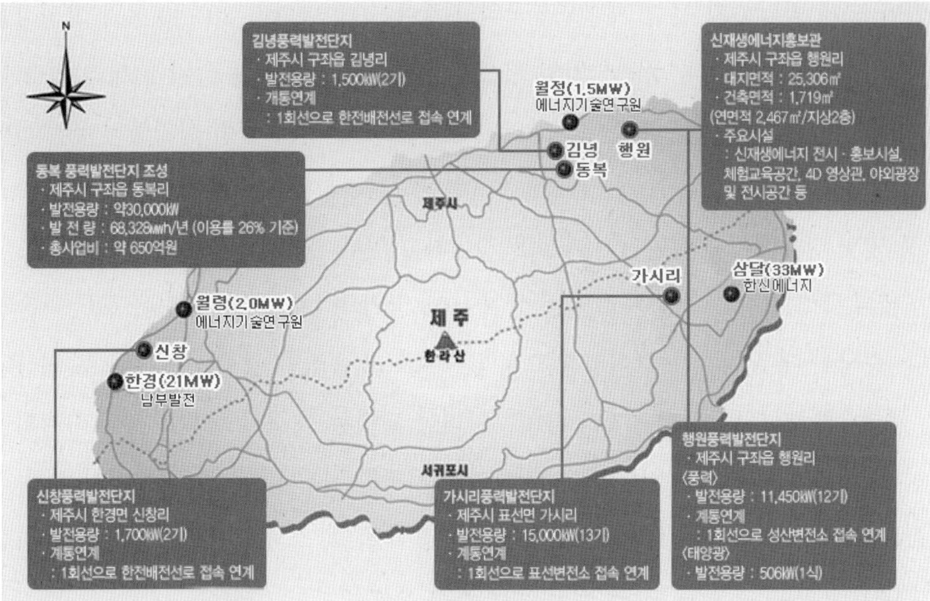

[그림 3-11] 제주에너지공사에서 담당하는 주요 설비 현황

설되어 있다.

제주도는 예전부터 돌, 바람, 여자가 많다고 해서 삼다도라는 명칭을 가지고 있다. 바람이 많은 지역이기 때문에 풍력발전을 위한 좋은 입지조건을 가지고 있고, 현재 많은 풍력발전단지가 해안을 따라서 건설되어있다. 제주도는 관광에 특화되어 있는 섬이기 때문에 원자력이나 화력을 이용한 발전이 어려운 관계로 향후 풍력발전단지가 더욱 증가할 것으로 예상된다. 현재 여러 사업자가 제주도에서 풍력발전단지를 운영하고 있는데, 제주에너지공사가 가장 많은 풍력발전단지를 운영하고 있다. 제주도의 풍력발전 위치 및 개략적인 현황은 [그림 3-11]에 나타나 있다.

2. 해외 현황

전 세계적으로 보면 이미 풍력산업은 성숙단계로 진입하는 양상을 보이고 있으며, 특히 미국 및 유럽시장은 완만한 형태의 성장률을 보이고 있다. 그러나 아직 풍력산업이 크게 발달하지 못한 개발도상국의 시장은 2020년까지 20~40 %의 고성장을 지속할 것으로 예상된다. 풍력산업의 핵심인 풍력발전기 제조는 상위 10개 업체가 높은 시장점유율을 보여주고 있는데, 2012년 기준으로 전 세계 풍력 설치량인 48.4 GW 중에서 31.4 GW를 상위 10개 업체가 공급하였다. 국내에서는 현대중공업, 삼성중공업 등 몇몇 업체에서 풍력발전기 개발을 진행하고 있다.

세계 풍력 시장을 주도하고 있는 상위 10개 국가의 누적 설치 용량은 〈표 3-1〉과 같다. 중국이 매우 강세를 보이고 있으며 앞으로도 지속적인 성장을 할 것으로 예상된다. 중국 에너지성은 2020년까지 420억 달러에 달하는 대규모 풍력발전 투자계획을 승인하는 발표를 하여 환경문제를 해결하려는 시도를 하고 있다. 중국에 이어 설치 규모로는 미국이 그 뒤를 따르고 있으며 유럽의 경우 독일, 스페인, 영국 등이 풍력 시장을 주도하고 있다.

〈표 3-1〉 세계 풍력발전 현황–국가별

국가	2013년까지 설치된 풍력발전 용량 (MW)	비율 (%)
중국(China)	91,424	28.7
미국(USA)	61,091	19.2
독일(Germany)	34,250	10.8
스페인(Spain)	22,959	7.2
인도(India)	20,150	6.3
영국(UK)	10,531	3.3
이탈리아(Italy)	8,552	2.7
프랑스(France)	8,254	2.6
캐나다(Canada)	7,803	2.5
덴마크(Denmark)	4,772	1.5
그 외 지역	48,351	15.2
총 풍력발전 용량	318,137	100.0

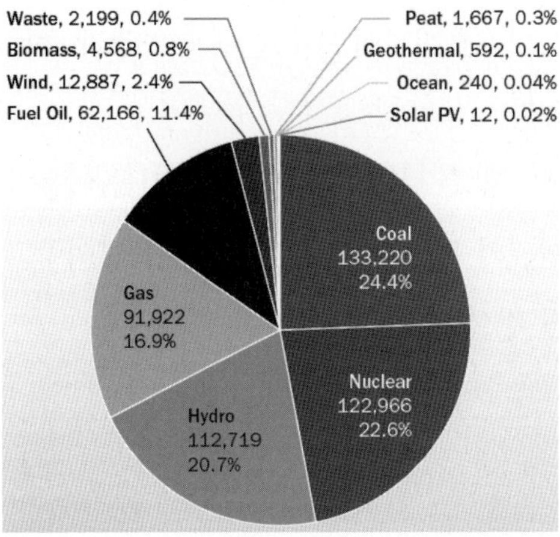

[그림 3-12] 발전에 사용된 유럽의 에너지원 (2000년도)

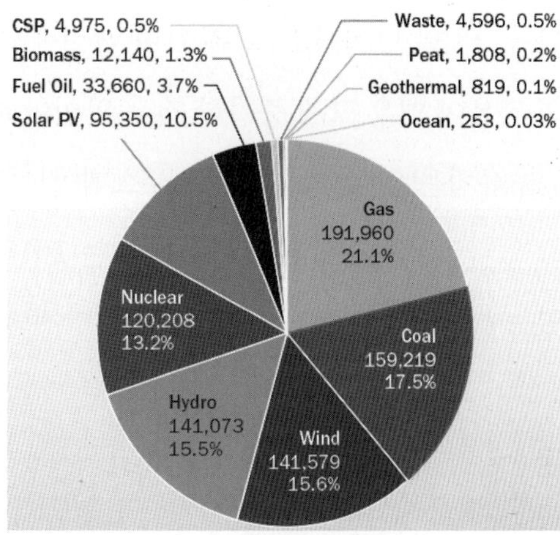

[그림 3-13] 발전에 사용된 유럽의 에너지원 (2015년도)

[그림 3-14] 유럽의 풍력발전 - 2015년까지의 누적 설치량(MW)

유럽의 경우 특히 신재생에너지원을 이용한 발전의 비율이 매우 높은 편이다. [그림 3-12]와 [그림 3-13]을 보면 유럽에서 2000년에 비하여 2015년에 태양광과 풍력의 비율이 매우 크게 증가한 것을 확인할 수 있다.

유럽은 앞서 언급한 독일, 스페인 이외에도 많은 나라에서 풍력에너지를 이용하고 있다. [그림 3-14]와 〈표 3-2〉는 2015년까지의 누적 풍력발전 설치량을 보여주고 있는데, 유럽의 여러 국가에서 풍력발전단지를 건설하고 있음을 알 수 있다.

〈표 3-2〉 유럽 주요 국가의 풍력 현황

국가	2015년 신규 설치량 (MW)	2015년까지 누적 설치량 (MW)
오스트리아	323	2,411.5
벨기에	274.2	2,228.7
덴마크	216.8	5,063.8
프랑스	1,073.1	10,358.2
독일	6,013.4	44,946.1
그리스	172.2	2,151.7
아일랜드	224	2,486.3
이탈리아	295	8,957.8
네덜란드	586	3,431
폴란드	1,266.2	5,100
포르투갈	132	5,079
루마니아	23	2,975.9
스페인	신규설치 없음	23,025.3
스웨덴	614.5	6,024.8
영국	975.1	13,602.5

3. 풍력발전과 경제성 및 정책

풍력발전은 발전단지 조성을 위하여 초기비용이 많이 필요하지만, 연료비가 필요 없다는 장점이 있다. 따라서 화석연료를 사용하는 기존의 발전원과는 다르게 발전에 사용되는 연료의 가격변동에 의한 발전단가의 변화가 없다. 일반적으로 생각할 수 있는 신재생에너지원 중에서 태양광은 아직 태양광 패널의 단가가 높기 때문에 경제성이 다소 부족한 편이며, 연료전지의 경우 아직까지 상용화가 미비한 단계이다. 풍력의 경우 기존 발전원과 경제성을 논할 수 있는 단계까지 기술의 개발이 진행되었기에 지리적인 요건을 만족한다면 경제성 측면에서는 가장 앞서있는 신재생에너지원이라 할 수 있다. 풍력발전단지에서 생산되는 전력의 생산단가는 풍력발전기의 종류 및 크기, 풍력발전단지의 규모, 초기의 투자금액 및 발전단지의 지리적인 위치 등 많은 요소에 따라 달라지기 때문에 경제성과 관련된 명확한 지표를 제시하는 것은 현실적으로 어려움이 있다.

현재까지 우리나라에 건설된 풍력발전단지는 대부분의 설비를 외국에서 수입하여 건설하였기에 설치비용이 높은 편이다. 특히 시장 점유율이 높은 큰 규모의 풍력발전기 제조사가 위치한 지역과 비교하면 설비의 운송비용이 크다. 풍력발전 주설비의 해외수입에 따른 운송비, 관세 등의 비용으로 인해 세계적인 제조사가 밀집한 유럽 지역이나 자체 제조사를 가지고 있는 미국에 비해 설비비의 약 10 %에 해당하는 추가비용이 발생한다고 알려져 있다. 만약 대관령 풍력발전단지나 영덕 풍력발전단지와 같이 산악지형에 발전단지를 조성하는 경우 설비의 운반 및 연계조건이 좋지 않아 시공비용의 증가를 가져온다.

기술의 개발과 풍력발전기의 대형화 추세로 인하여 풍력발전의 설비투자비는 지속적으로 감소하고 있다. 해외 자료에 의하면 유럽지역의 풍력발전 설비투자비는 2002년과 2030년 예상 비용을 비교하였을 때, 약 35 %의 비용 감소가 기대된다고 발표하였다. 풍력발전기 제작비용의 하락이 풍력발전단지 발전단가를 감소시키는 주요 요인으로 작용해 왔으며, 앞으로도 일정 기간 동안 이러한 추세가 지속될 것으로 예상하고 있다.

발전차액지원제도(FIT; Feed in Tariff)는 신재생에너지 투자경제성 확보를 위해 발전에 의하여 공급한 전기의 전력거래 가격이 정부에서 고시한 기준가격보다 낮은 경우 그 전기를 공급한 신재생에너지 발전사업자에 대하여 기준가격과 전력거래가격의 차액을 지원하는 제도이다. 2002년 3월부터 시행(2001년 10월 11일 소급적용)되어 신재생에너지 투자 및 보급을 초기 확대하고 산업화 기반을 마련하였지만, 과도한 재정부담 및 사업자간 가격경쟁 메커니즘 부재 등의 문제점을 노출함에 따라 2011년 12월부로 종료되었다. 발전차액지원제도에서는 신재생에너지법에서 정한 11개의 에너지원 중 태양광, 풍력, 수력, 조력, 매립지가스, 폐기물, 연료전지 발전에 대하여 기준가격을 산정하여 지원하였다. 풍력의 기준가격은 107.29원/kWh였으며, 이 제도에 힘입어 발전설비의 보급이 촉진되어왔다. 발전차액지원제도는 종료되었지만 지원기간은 발전차액지원 개시일로부터 15년간 지속된다.

현재는 풍력발전을 포함한 신재생에너지원의 보급과 관련하여 신재생에너지 공급의무화(RPS)제도가 시행되고 있다. RPS제도란 일정규모(50만 kW) 이상의 발전사업자에게 총 발전량의 일정비율 이상을 신재생에너지로 공급토록 의무화하는 제도이다. 적용대상 에너지원으로는 태양광, 풍력, 수력, 바이오, 연료전지, 조력 등이 있으며, 의무공급량은 2012년은 총 발전량의 2 %이며 2022년에는 10 % 이내로 정하

〈표 3-3〉 신재생에너지 신규설비 증설 실적 (2014년 9월 기준)

구분	2012년	2013년	2014년	합 계
발전소 수 (개)	1,166	1,945	3,762	6,873
- 태양광	1,115	1,901	3,714	6,730
- 비태양광	51	44	48	143
발전소 용량(MW)	843	901	1,422	3,166
- 태양광	183	389	631	1,203
- 비태양광	660	512	791	1,963

고 있다. 의무공급량 미이행분에 대해서는 불이행사유 등을 고려하여 평균거래가격의 150 % 이내 범위에서 과징금을 부과한다. RPS제도는 태양광 발전설비 보급에 초점이 맞춰져 있으며, RPS 시행 이후 상당한 규모의 신규 신재생에너지 발전설비가 증설되었다.

03 해상 풍력발전

1. 해상 풍력발전의 특성

해상 풍력발전단지(offshore wind farm)는 수심이 깊지 않은 바다에 건설된 풍력발전단지를 의미한다. 바다에 풍력발전기를 설치하기 위해서 토목, 전기, 기계 등 여러 분야의 높은 기술이 요구되며 건설비용도 증가하지만, 양질의 풍력에너지를 얻을 수 있기 때문에 해상 풍력발전단지의 건설은 수요가 증가하고 있다. 또한 육상에 건설되는 풍력발전단지의 경우 소음 및 미관상의 문제로 민원이 발생하는 경우가 있으나, 해상에 건설되는 풍력발전단지는 상대적으로 이러한 문제에서 자유롭다. 과거에는 대형 풍력발전기를 제작하는 기술이 부족했기 때문에 해상에 건설하는 풍력발전단지의

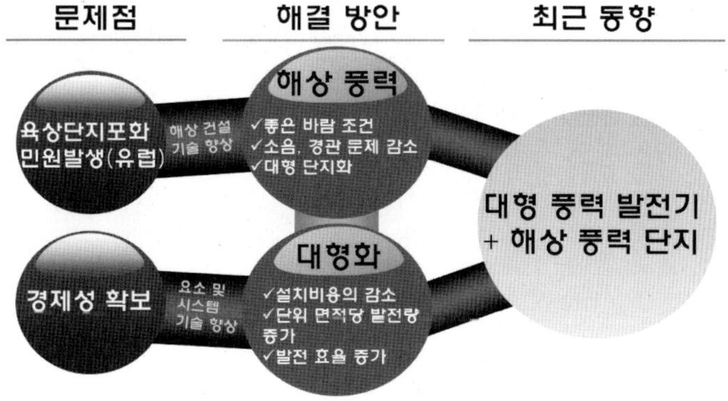

[그림 3-15] 해상 풍력발전단지의 특성

경제성을 확보하기 어려웠으나, 근래에는 해상용 대형 풍력발전기가 개발되어 충분한 경제성을 보이고 있다. 해상 풍력발전단지의 특성은 [그림 3-15]와 같다.

2. 해상 풍력발전의 현황

최근까지 해상 풍력발전단지는 해안에서 멀지 않은 수심이 얕은 지역에 주로 건설되었으나 근래에는 기기의 대형화 및 송전기술의 발달에 힘입어 수심이 깊지 않은 비교적 먼 바다에 건설되는 사례가 증가하고 있다. 세계에서 풍력발전단지를 가장 많이 건설한 나라는 중국이지만, 세계 해상풍력 시장은 현재 유럽 국가들이 주도하고 있다. 유럽지역에 설치된 풍력발전량 중에서 해상풍력이 차지하는 비율은 [그림 3-16]과 같으며, 회색으로 표기된 해상풍력 설치 용량이 근래에 들어 크게 증가하는 것을 확인할 수 있다.

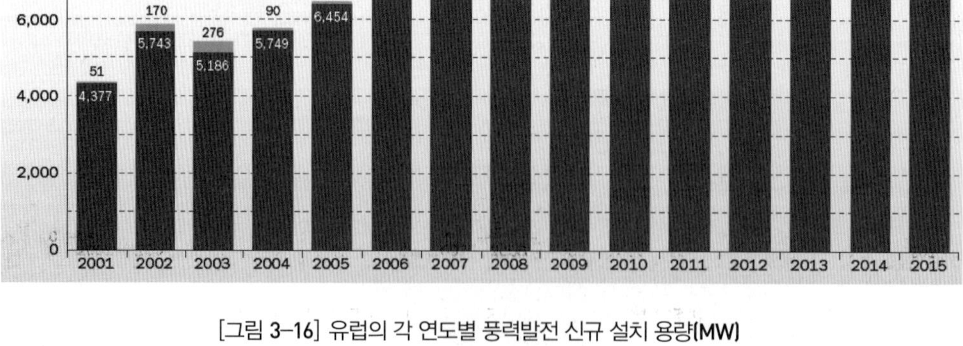

[그림 3-16] 유럽의 각 연도별 풍력발전 신규 설치 용량(MW)
[검은색: 육상풍력, 회색: 해상풍력]

3. 해상 풍력발전단지 건설

대형 풍력발전기를 육상에 설치하는 경우에는 전체 무게가 수백 톤을 초과하기 때문에 도로를 이용한 운반이 어려운 경우가 많다. 특히 양질의 바람을 얻기 위해 산간지역에 건설하는 경우가 많은데, 이러한 경우 풍력발전기를 운반하는데 많은 어려움을 겪게 된다. 부품의 무게가 상당하기 때문에 풍력발전단지 부지까지 옮기는 것도 어려울뿐더러 대형 기기의 경우 날개(blade)의 길이가 50 m를 넘어가기 때문에 곡선이 심한 도로에서는 운반이 어렵다. 해상의 경우에는 임해지역에서 만들어진 대형 부품들을 선박이나 바지선에 탑재하여 손쉽게 이송과 설치가 가능하기 때문에 운반상의 문제점을 해결할 수 있다.

해상에 설치되는 풍력발전기의 규모가 매우 크기 때문에 완성된 발전기를 해상으

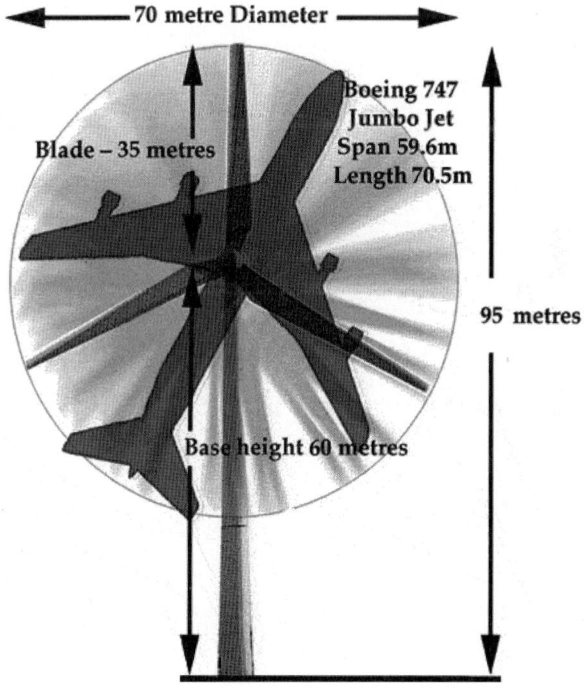

[그림 3-17] 대형 풍력발전기와 비행기와의 크기 비교

[그림 3-18] 풍력발전기 설치과정

[그림 3-19] 풍력발전기 설치과정

로 운반하여 설치하는 것이 아니라 육상에서 각각의 부품을 만들고 해상에서 조립하는 순서로 진행된다. 부품의 선적이 완료되면 풍력발전기 설치용 선박을 이용하여 풍력발전기를 설치하고자 하는 장소까지 이동한다.

해상에서 풍력발전기를 조립할 때에는 대형 크레인을 이용하여 먼저 타워를 건설한 후 그 위에 발전기를 포함하고 있는 나셀과 날개를 설치한다. 해상풍력발전단지를 건설하는 방식은 건설사에 따라 다소 다른 점이 있으나 전체적인 틀은 비슷하다. [그림 3-18]과 [그림 3-19]는 각각 다른 지역의 해상 풍력발전단지 건설장면을 보여주고 있는데, 형태는 다소 다르지만 타워 건설 후 날개를 조립하는 방식은 동일한 것을 확인할 수 있다. 기본적으로 풍력발전단지가 건설되는 장소는 바람이 강하게 불기 때문에 발전기의 건설이 쉽지 않으며, 특히 해상의 경우는 파도의 영향까지 받기 때문에 풍력발전기의 설치는 기상의 영향을 크게 받는다.

4. 해상 풍력발전단지 전경

해상에 건설된 풍력발전단지는 평소에 접하기 어려운 독특한 풍경을 보여줄 수 있다. 몇몇의 해상 풍력발전단지를 사진으로 소개한다.

[그림 3-20] 해상 풍력발전단지 전경

[그림 3-21] 해상 풍력발전단지 전경

단/원/정/리

1. 인류는 과거에서부터 다양한 용도로 바람이 가지고 있는 에너지를 이용해 왔으며, 현재는 전기를 생산하기 위하여 풍력에너지를 활용하고 있다.

2. 풍력발전은 바람이 가지고 있는 에너지를 이용하여 전기를 생산하는 방법이며 공해를 배출하지 않는 장점을 가지고 있다. 또한 건설기간이 비교적 길지 않으며 다른 재생에너지에 비해 경제성을 가지고 있다.

3. 풍력발전은 바람이 충분한 지역에만 설치 가능하며, 초기투자비가 큰 단점이 있다.

4. 풍력발전기의 출력은 풍속의 3제곱에 비례하며 발전기 날개가 지나가는 단면적의 크기에 비례한다. 따라서 풍력발전기에 부는 바람의 속도가 빠를수록, 풍력발전기 날개가 클수록 풍력발전기의 출력은 증가한다.

5. 풍력발전기는 회전축의 방향에 따라 수직축/수평축 발전기로 분류할 수 있으며, 발전기 회전자 속도에 의해 정속형/가변속형 방식으로 구분할 수 있다.

6. 국내의 풍력발전은 바람이 많이 부는 산간 지역이나 바닷가, 혹은 도서지역 위주로 건설되었다.

7. 전 세계적으로 보면 이미 많은 수의 풍력발전단지가 건설되어 운영 중이며, 미국과 중국 및 독일을 포함한 유럽의 몇몇 국가에서 풍력발전에 대해 많은 투자를 하고 있다.

8. 기술의 개발과 풍력발전기의 대형화 추세로 인하여 풍력발전의 설비투자비는 지속적으로 감소하고 있다.

9. 해상 풍력발전은 바람이 많이 부는 해상에 풍력발전기를 설치하여 전기를 얻는 발전방식을 의미한다. 이는 높은 기술수준이 필요하나, 양질의 바람을 활용하여 많은 전기를 생산할 수 있기 때문에 해상 풍력발전단지의 건설은 증가하는 추세를 보이고 있다.

CHAPTER 4

수소에너지와 연료전지

01 수소의 특징

1. 수소의 화학적 성질

수소는 원자번호 1번으로 가장 가벼운 원소이며, 원자기호로는 'H'로 표시한다. 수소는 1671년에 영국의 과학자인 로버트 보일(Robert Boyle)에 의해 발견되었으며, 라브와지에(Lavoisier)가 1783년에 이 기체를 'Hydrogen'으로 명명하였다.

수소원자는 (+)전하를 가지는 양성자 1개로 구성된 원자핵과 (−)전하를 가지는 전자 1개로 구성되어 있으며, 유일하게 중성자를 포함하지 않는 원자핵 구조를 가지고 있다. 수소의 동위원소로는 1개의 양성자와 1개의 중성자를 가지는 중수소(D, Deuterium)와 1개의 양성자와 2개의 중성자를 가지는 삼중수소(T, Tritium)가 있다.

일반적으로는 수소는 2개의 수소원자가 공유결합한 수소분자(H_2)의 형태로 존재한다.

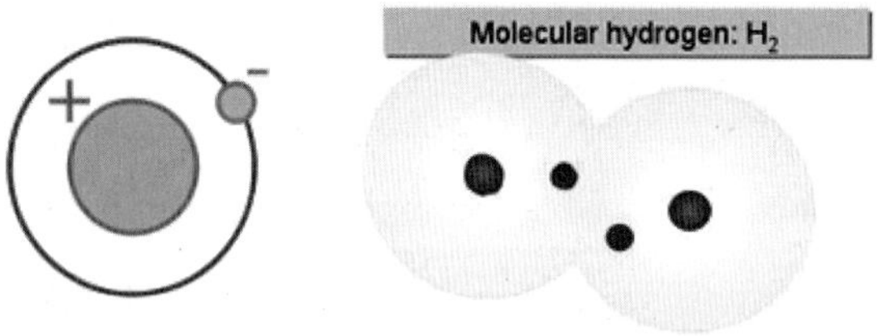

[그림 4-1] (a) 수소원자의 구조, (b) 수소분자의 구조

2. 수소의 물리적 성질

수소는 금속 내부로 용이하게 침투하며, 팔라듐 같은 금속의 경우에는 내부에 수소를 흡장할 수 있어 수소저장 물질로도 사용이 가능하다. 한편 수소를 흡수한 금속은 부서지기 쉬운데, 이를 취성이라고 한다. 수소를 저장하거나 운송하는 용기 또는 파이프 소재의 수소에 대한 취성을 향상시키는 것은 매우 중요하다.

수소의 일반적인 물리적 특성은 〈표 4-1〉과 같다.

〈표 4-1〉 수소의 물리적 특성

수소의 물리적 성질	수치
원자의 지름	0.1 nm
분자의 지름	0.29 nm
기체 밀도	0.00009 g/cm^3
녹는 점	-259.14 ℃
끓는 점	-252.87 ℃
에너지 밀도(저위발열량)	120 MJ/kg

3. 수소의 연소 특성

수소는 산소와의 반응성이 매우 강하여 조금의 에너지만 있어도 산소와 폭발적으로 반응한다. 정전기 스파크에 의해서도 폭발이 가능하며, 만약 백금 나노입자와 같은 고활성 촉매물질이 존재할 경우에는 불꽃 없이도 상온에서 폭발할 수 있다.

〈표 4-2〉 여러 가지 가연성 기체의 연소 범위

기체	연소 범위 (%)
수소	4 ~ 75
메탄	5 ~ 15
에탄	3 ~ 12.5
프로판	2.1 ~ 9.5
부탄	1.8 ~ 8.4
아세틸렌	2.5 ~ 81

공기 중 수소의 농도가 너무 높거나 낮으면 산소의 부족 또는 수소의 부족에 의해 연소가 일어나지 않으며, 연소가 가능한 농도를 연소 범위라고 한다. 몇 가지 가연성 기체의 연소 범위를 〈표 4-2〉에 나타내었다.

수소가 산소와 결합하면서 연소할 때, 수소 1 g은 고위발열량(HHV, Higher Heating Value, 기상의 수증기가 물로 응축되면서 발생한 열까지 포함) 33,890 칼로리, 저위발열량 (LHV, Lower Heating Value, 기상의 수증기가 생성될 때까지의 열만 포함) 28,671 칼로리의 열을 내며, 수소의 무게당 발열량은 모든 물질 중에서 가장 크다.

단순한 연소가 아니고 폭발이 일어날 수 있는 범위 또한 가연성 기체마다 다른데, 수소의 폭발범위 농도는 13 ~ 59 %(메탄은 6.3 ~ 14 %) 이므로 천연가스와 비교하여 누설량이 2배 정도 되어야 폭발이 일어날 수 있다.

02 수소의 제조, 이송, 저장

1. 수소의 제조

수소의 제조방법은 다양하며. 필요로 하는 생산용량과 순도에 따라 그 제조방법을 달리 한다. 화학공장과 같이 대량의 수소를 필요로 하는 곳에서는 개질반응을 사용하며, 소량의 수소를 필요로 하는 곳에서는 전기분해 등을 사용한다.

(1) 금속과 산의 반응

아연을 산과 반응시키면 아래 반응식에 의해 수소가 발생하며, 이는 로버트 보일이 발견한 간단하고 오래된 수소 제조 방법이다.

$$Zn + 2H^{+} \rightarrow Zn^{2+} + H_2 \quad \text{(기체 발생)}$$

수소보다 이온화 경향이 낮은 금속은 산과 반응시켜도 수소가 발생하지 않으며, 수소를 포함한 여러 가지 금속의 이온화 경향은 다음과 같다. 나트륨과 같이 극단적으로 이온화 경향이 큰 금속들은 물과 반응시키면 폭발적으로 반응하여 수소를 발생시킨다.

K > Ca > Na > Mg > Al > Zn > Fe > Ni > Sn > Pb > (H) > Cu > Hg > Ag > Pt > Au

(2) 개질반응

현재 수소 생산에 가장 많이 사용되는 방법은 개질반응(Reforming)이다. 이는 수소와 탄소로 구성된 탄화수소를 물과 같이 산소를 가진 물질과 반응시켜 탄소는 이산화탄소로 완전히 산화시키고, 나머지를 수소분자로 전환시키는 반응이다. 대표적인 탄화수소인 메탄은 아래와 같은 개질반응들이 가능하며, 이 중 수증기 개질반응이 가장 널리 쓰인다.

- 수증기 개질반응: $CH_4 + 2H_2O \rightarrow CO_2 + 4H_2$ (흡열반응)
- 부분산화 개질반응: $CH_4 + 1/2O_2 \rightarrow CO + 2H_2$ (발열반응)
- 자열 개질반응: $2CH_4 + 2H_2O + 1/2O_2 \rightarrow CO_2 + CO + 6H_2$ (흡열 = 발열)

개질반응에서는 대부분의 메탄이 수소와 이산화탄소로 전환되지만 보통 10 % 이상의 일산화탄소를 포함하고 있다. 일산화탄소는 연료전지의 전극촉매인 백금을 비활성화시켜 성능을 저하시키므로, 개질반응 이후의 추가 공정을 통하여 반드시 제거하여야만 한다. 가정용 연료전지 시스템의 경우를 예로 들면, 개질 반응기 이후에 수성가스전환 반응기(Water–Gas Shift Reactor)를 거치면 일산화탄소 농도가 1 % 이하로 줄어들며, 마지막으로 선택적 산화반응기(Preferential Oxidation Reactor)를 거쳐서 잔류하는 일산화탄소를 이산화탄소로 완전히 산화시키면 최종적으로 일산화탄소의 농도를 10 ppm 이하로 낮출 수 있다.

- 수성가스전환 반응: $CO + H_2O \rightarrow H_2 + CO_2$
- 선택적 산화 반응 : $CO + 1/2O_2 \rightarrow CO_2$

수소 충전소나 수소 생산 공장과 같이 대용량의 수소정제를 필요로 하는 경우에는 수성가스전환 반응기 후단에 선택적 산화반응기를 사용하지 않고, 압력순환흡착공정(PSA공정, Pressure-Swing Adsorption Process)을 주로 적용한다. 이 경우에는 공정 조건에 따라 CO의 농도 조절이 가능하며, 연료전지 자동차용 수소는 일산화탄소 농도를 0.2 ppm 이하로 유지하여야 한다.

(3) 물의 전기분해

전해질이 포함된 물에 전극을 통해 전기 분해가 가능한 전압 이상으로 전류를 흘리면 (+)극에서는 산소가 (-)극에서는 수소가 발생한다. 알칼리 전해질 용액을 사용하는 알칼리 수전해의 경우에 각 전극에서 일어나는 반응은 다음과 같다.

(+)극 반응: $2OH^- \rightarrow H_2O + 2e^- + 1/2O_2$ $\quad E^0 = 0.40$ V vs. SHE

(-)극 반응: $2H_2O + 2e^- \rightarrow 2OH^- + H_2$ $\quad E^0 = -0.83$ V vs. SHE

전체 반응: $H_2O \rightarrow H_2 + 1/2O_2$ $\quad E^0 = 1.23$ V vs. SHE

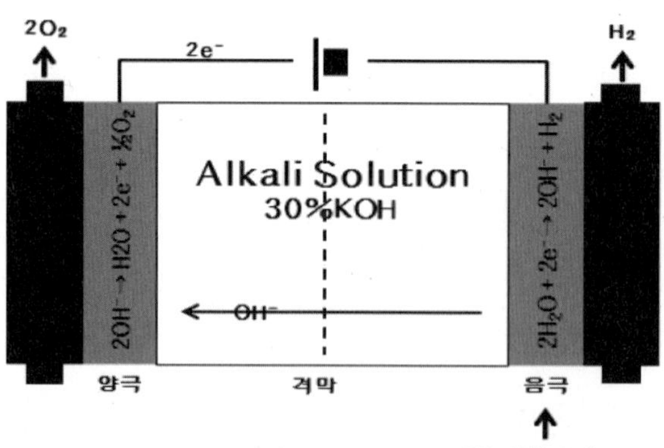

[그림 4-2] 알칼리 수전해 반응기의 구조

(a)

(b)

[그림 3-4] (a) 압축수소 튜브 트레일러, (b) 액화수소 탱크 차량

(1) 튜브 트레일러 운송

수소를 차량으로 운송하는 튜브 트레일러 운송방식은 고압 수소탱크를 이용하는 방법과 액체 수소탱크를 이용하는 방법의 두 가지로 나누어진다.

일반적으로 사용되는 고압 수소탱크 이송은 수소를 압축기를 이용하여 튜브 트레일러에 160~180 기압으로 압축하여 운송하며, 수소 가격의 20~30 %를 운송비가 차지한다.

액화 수소 운송은 운송량이 많아 압축 수소보다 운송비를 절감할 수 있지만 액화 과정에서 수소가 가진 에너지의 1/3을 소모하므로, 전 과정의 에너지효율 측면에서 단점을 가진다. 액화 수소를 운송하는 탱크로리에서는 매일 0.3~0.6 %의 수소가 증발하여 손실이 일어난다.

(2) 파이프라인 이송

수소의 소비량이 많은 원거리의 수소 스테이션에 수소를 튜브 트레일러로 공급하는 것은 비용과 운송 에너지의 소모가 크다. 보통 500 Nm^3/hr 이상의 수소를 소비하는 수소 스테이션이라면 파이프라인을 통해 수소를 공급하는 것이 훨씬 경제적이다.

파이프라인을 통해 수소를 공급하기 위해서는 10~30 기압의 압력으로 수소를 이송하여야 하며, 장거리 이송 시에는 감소된 수소의 압력을 보충하기 위하여 일정한 거리마다 승압을 위한 설비를 추가하여야 한다.

3. 수소 저장기술

수소 연료전지 자동차가 시장에 진출하기 위해서는 휘발유 자동차에 버금가는 충분한 운행거리를 보장하여야 한다. 수소 1 kg으로 약 100 km를 운행한다고 하면 한 번의 수소 충전으로 일반 자동차와 동일한 거리를 주행하기 위해서는 7~8 kg의 수소를 저장할 수 있어야 한다. 하지만, 수소는 비중이 매우 가벼운 기체 상태로 존재하므로 고밀도로 저장하기 어려우며, 다양한 저장 방법들이 사용되고 있다.

(1) 압축저장

초기의 연료전지 자동차에는 350 기압의 수소 저장용기를 이용하여 수소를 저장하였으나, 자동차의 주행거리를 일반 휘발유 자동차 수준으로 높이기 위해서는 더욱 많은 양의 수소 저장이 필요하여 현재는 700 기압의 수소 저장용기가 일반적으로 사용되고 있다.

자동차용 고압 수소저장 용기는 차량의 연비개선을 위해 경량화하여야만 한다. 이를 위해서는 기존의 강철 소재 대신에 가벼우면서도 강도가 강한 탄소섬유를 감아

(a) (b)

[그림 3-5] (a) 투싼 연료전지 자동차, (b) 투싼에 장착된 700기압 수소 저장용기

서 외벽을 만들게 되며, 다른 부분도 최대한 경량소재를 사용한다.

(2) 액화저장

수소를 끓는점 이하로 냉각하면 액화 수소가 되며, 이는 표준상태의 수소기체에 비해 약 1/800로 부피가 줄어들게 되고 압축수소보다 더욱 작은 부피를 가진다.

수소의 저장밀도와 운송의 측면에서는 액화 수소가 가장 우수하지만 단점 또한 많이 가지고 있다. 액체수소를 제조하기 위해서는 고순도의 수소가 필요하며, 극저온을 만들기 위해서는 저장되는 수소가 가진 에너지의 1/3을 소모하여야 한다. 또한 저장 중에 극저온을 유지하여도 기화에 의한 손실이 생기기 때문에 장기간 저장에 부적합하다.

(3) 금속수소화물

금속수소화물은 수소의 가역적인 흡수 및 방출이 가능하며, 부피밀도가 액체수소보다 높다는 장점이 있다. 하지만 무거운 금속을 사용함에 따른 낮은 무게밀도와, 여러 번의 재사용에 따른 저장물질의 열화가 단점이다. 많은 연구개발이 진행 중이지만 아직까지는 압축저장보다 실용성이 낮다.

금속수소화물의 대표적인 예로는 수소흡장 능력을 가진 팔라듐(Pd) 등이 있으나, 이는 수소저장 용량이 낮아서 실용적이지는 못하다. 실용적인 금속수소화물로는 $LaNi_5$와 같은 AB_5 합금계열과 ZrV_2나 $FeTi_2$ 등의 AB_2 합금계열의 두 종류가 대표적이다.

(4) 수소화합물

$NaBH_4$와 같은 수소화합물의 경우에는 높은 수소저장능력을 가지고 있다. 수소의 방출반응식은 아래와 같으며, 수소의 흡수와 방출이 비가역적이라는 장애요인이 있어 제한적인 용도로만 사용되고 있다. $NaBH_4$이외에도 $NaAlH_4$ 등의 다양한 수소화합물들이 사용가능하다.

$$NaBH_4 + 2H_2O \rightarrow NaBO_2 + 4H_2$$

03 지속 가능한 수소에너지

1. 수소의 공급

현재에도 정유공장, 나프타 분해 공정, Chlor-Alkali 공정 등의 다양한 석유화학 공정에서 수소가 부산물로 발생하고 있다. 이러한 수소는 정제를 거쳐 반도체 공정 등의 고순도 수소가 필요한 곳에 공급되거나, 다른 화학공정의 원료로 사용된다. 발생한 수소의 적당한 사용처가 없을 경우에는 남는 수소를 연료로 사용하기도 한다.

이처럼 부산물로 생산되는 수소를 부생 수소라고 하며, 수소의 수요량이 적을 경우에는 부생 수소만으로도 대응이 가능하다. 하지만 현재의 석유 에너지 사회의 다음 단계인 지속 가능한 수소에너지 사회를 열기 위해서는 대량의 수소가 필요하며 이를 위해서는 수소를 대량 생산하는 것이 필수적이다.

수소에너지의 장점은 높은 에너지 효율과 친환경이다. 현재 가장 널리 사용되는 수소 생산 공정은 메탄의 수증기 개질 반응이며, 이는 이산화탄소를 발생시키므로 완전히 친환경적인 수소 생산은 아니다. 지속 가능한 수소에너지 사회의 구축을 위해서 장기적으로는 신재생에너지로 얻은 전력을 이용하여 물을 전기분해하여 수소를 생산하는 것이 요구되지만 현시점에서는 신재생에너지원으로부터 얻는 전력이 많지 않으므로 실용화가 어렵다.

일본의 경우에는 호주에서 개질반응을 통하여 수소를 생산하고, 이 수소를 액화하여 일본으로 해상 운송하여 발전용 및 연료전지 자동차용 연료로 이용하는 프로젝트를 진행하고 있다. 이러한 구상이 현실화된다면, 적어도 일본은 이산화탄소 배출에서 자유로운 국가가 될 수 있을 것이다.

2. 수소 충전소

연료전지 자동차에 수소를 공급하는 역할을 하는 수소 충전소는 여러 가지 형태로 구성할 수 있으며, 크게는 튜브 트레일러로부터 공급받은 수소를 압축하여 공급해 주는 오프사이트형과 수소를 직접 생산하여 압축 후 공급해 주는 온사이트형으로 나누어진다.

오프사이트형 수소 충전소는 수소를 저장하는 카트리지, 고압으로 압축해주는 압축기, 충전을 위한 고압수소를 저장하는 고압용기, 수소를 충전하는 디스펜서(충전기)로 구성되어 있다.

온사이트형 수소 충전소는 도시가스의 개질반응 또는 물의 전기분해를 이용하여 수소를 직접 생산하며, 생산한 수소를 압축기로 압축한 이후로는 오프사이트형과 동일한 구성을 가진다.

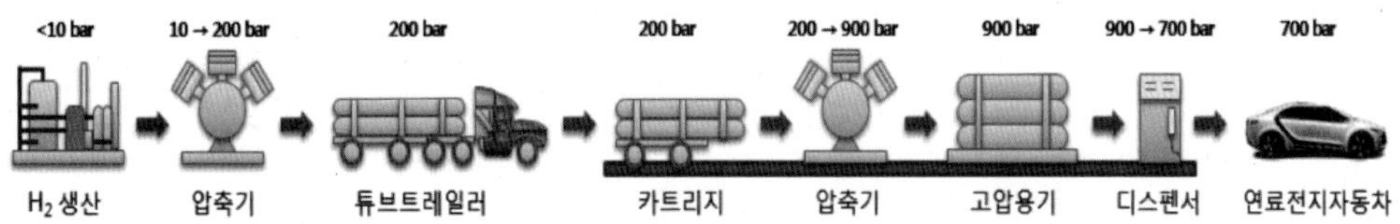

[그림 4-6] 오프사이트형 수소 충전소의 구성

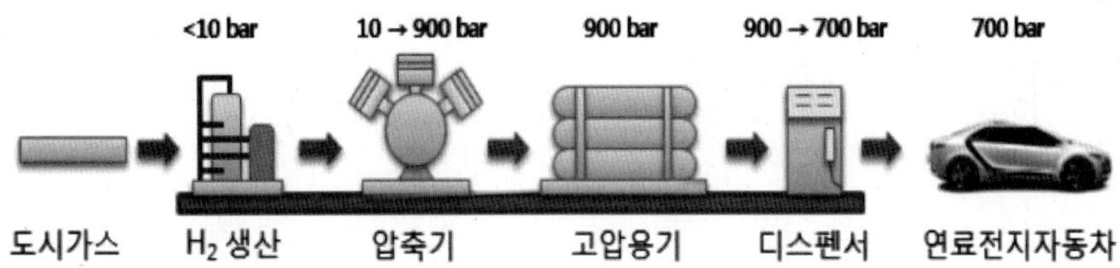

[그림 4-7] 개질기를 이용한 온사이트형 수소 충전소의 구성

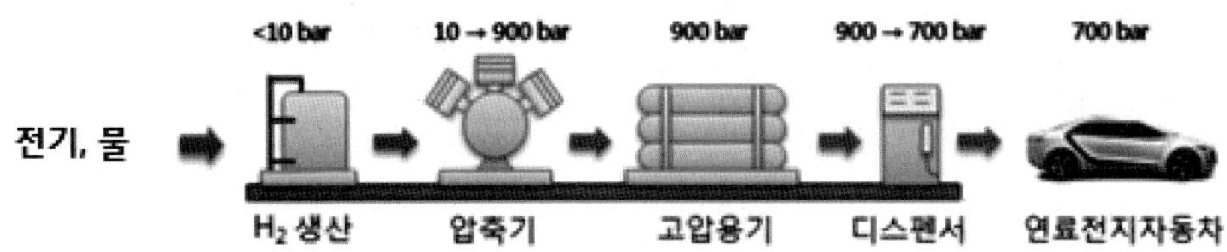

[그림 4-8] 수전해를 이용한 온사이트형 수소 충전소의 구성

04 연료전지의 역사와 원리

1. 연료전지의 역사

1839년에 영국의 윌리엄 그로브 경(Sir William Grove)에 의해 최초의 연료전지가 발견되었으며, 이후에 지속적인 연구를 통한 진보가 이루어졌다. 최초의 연료전지는 가스 배터리(Gas battery)라는 이름으로 불리었으며, 황산용액이 담긴 비커에 각각 수소와 산소를 담고 있는 백금 전극이 꽂혀 있는 시험관을 거꾸로 담근 것을 여러 개 직렬로 연결하여 전기가 생성됨을 보인 것이다. 그로브 경의 실험에서는 이렇게 생성된 전기를 이용하여 물이 전기 분해됨을 보였다. 이러한 시스템에 대해 1889년에 몬드(L. Mond)와 랑거(C. Langer)가 연료전지(Fuel Cell)라고 명명을 하였다.

1900년에 네른스트(W. H. Nernst)가 고체산화물 연료전지(Solid Oxide Fuel Cell)을 고안하였으며, 이후에 그는 열역학과 전기화학에 대한 공로로 노벨상을 수상하였다.

(a)

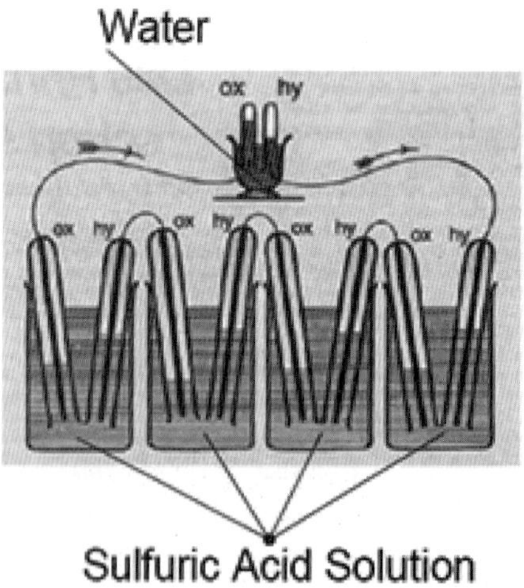

(b)

[그림 3-9] (a) 윌리엄 그로브 경, (b) 최초의 연료전지

1920년대에 개발된 알칼리형 연료전지(Alkaline Fuel Cell)는 저온운전이 가능하고, 발전효율이 높았지만, 공급되는 공기 중의 이산화탄소에 의해 알칼리 전해액이 탄산알칼리로 열화되는 문제가 있어 일반적인 용도로 실용화하기에는 무리가 있었다.

1950년대 후반에는 여러 과학자들의 연구가 누적되어 용융탄산염 연료전지(Molten Carbonate Fuel Cell)가 개발되었다.

수소 이온을 전도할 수 있는 나피온(Nafion)막을 전해질로 채택한 고분자전해질 연료전지(Polymer Electrolyte Membrane Fuel Cell)는 1950년대 말에 제너럴 일렉트릭사의 그럽(T. Grubb)에 의해 발명되었으며, 이후 NASA와의 공동연구를 통해 고분자전해질 연료전지 시스템이 개발되었다.

1961년에 엘모어(G. V. Elmore)와 태너(H. A. Tanner)가 인산형 연료전지(Phosphoric Acid Fuel Cell)를 발명하였다.

연료전지는 실험실에서의 관심대상으로 연구가 주로 진행되었으나, 1970년대의 석유파동을 겪으면서 새로운 고효율 발전 수단으로서 주목받기 시작하였다. 특히 1990년대 캐나다의 발라드사에서 잠수함용 및 버스용 고분자전해질 연료전지의 개발을 시작하면서 본격적인 연료전지 개발이 재개되었으며, 현재까지도 지속적으로 진행되고 있다.

연료전지는 태양전지처럼 그 자체로 자연 상태에서 지속적으로 발전을 하는 재생에너지원이 아니며, 수소 연료가 가진 화학에너지를 높은 효율로 전기에너지로 변화시켜 주는 에너지 변환장치이다. 연료전지는 전력생산에 있어 높은 에너지 효율과 친환경성을 가지므로 신에너지로 주목받고 있다.

2. 연료전지의 발전 원리

일반 화력발전은 수소와 같은 연료를 연소시켜 물을 가열하여 수증기를 생산한 후 (화학에너지 → 열에너지), 이 수증기를 이용하여 터빈을 회전시키고 (열에너지 → 운동에너지), 터빈과 연결된 발전기를 구동하여 (운동에너지 → 전기에너지) 전기를

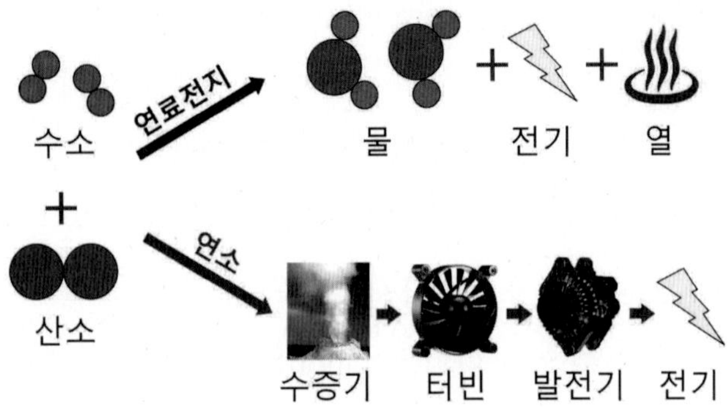

[그림 4-10] 연료전지를 이용한 전력생산과 화력발전의 차이점

생산하는 복잡한 에너지 변환과정을 거친다. 하지만 연료전지는 수소와 산소의 전기화학 반응을 통해 화학에너지를 직접 전기에너지로 변환하여 전력을 생산하며, 이 과정에서 부수적으로 발생하는 열에너지는 회수하여 다시 사용이 가능하다. 에너지가 다른 에너지로 변환과정을 거칠 때마다 에너지의 손실이 발생하는데 연료전지의 경우는 화력발전의 경우와 달리 한 단계의 전환과정만으로 전력을 생산하므로 일반 화력발전에 비해 발전효율이 높아지게 된다.

연료전지의 종류에 따라 연료극과 공기극의 반응이 달라지지만 전체반응은 언제나 수소와 산소가 반응하여 물이 생성되는 동일한 반응이며, 그 중 고분자전해질 연료전지에서 일어나는 반응은 아래와 같다. 수소와 산소가 반응하는 연료전지에서 이론적으로 얻을 수 있는 최대 전압은 1.23 V이다. 연료극에서 전자가 생성되어 공기극으로 이동하는 것은 모든 연료전지에서 공통적으로 일어나며, 그 결과로 수소가 공급되는 연료극이 (−)극, 산소가 공급되는 공기극이 (+)극이 된다.

연료극 반응:	$H_2 \rightarrow 2H^+ + 2e^-$	E^o=0.00V
공기극 반응:	$1/2O_2 + 2H^+ + 2e^- \rightarrow H_2O$	E^o=1.23V
전체 반응:	$H_2 + 1/2O_2 \rightarrow 2H_2O$	E^o=1.23V

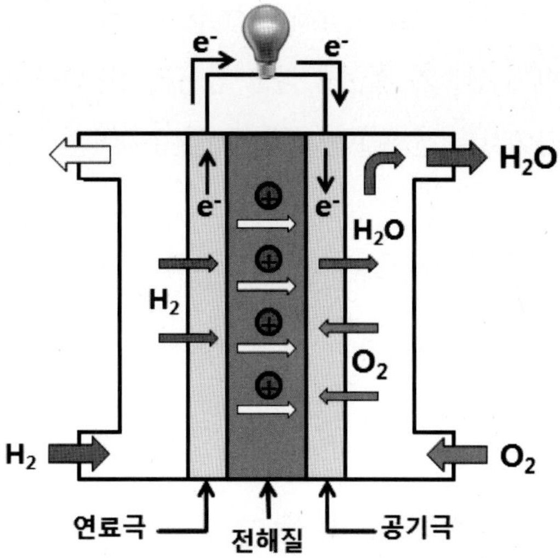

[그림 4-11] (+)이온이 전하를 운반하는 연료전지의 작동 원리

[그림 4-11]은 (+)이온이 전하운반체로 작용하는 경우의 연료전지의 작동 원리를 나타낸다. 연료극에서 수소가 산화되면서 (+)이온과 전자가 발생한다. 공기극에서는 전해질을 통해 넘어온 (+)이온 및 전선을 타고 넘어온 전자와 산소가 환원반응을 하여 물이 생성되게 된다.

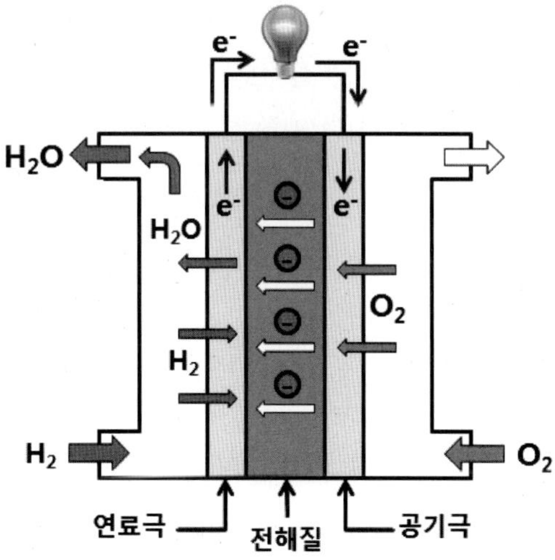

[그림 4-12] (-)이온이 전하를 운반하는 연료전지의 작동 원리

[그림 4-12]는 (-)이온이 전하운반체로 작용하는 경우의 연료전지의 작동 원리를 나타낸다. 공기극에서 산소가 전선을 타고 넘어온 전자와 만나 환원되면서 (-)이온이 생성된다. 연료극에서는 전해질을 통해 넘어온 (-)이온과 수소가 만나 산화반응을 하여 물과 전자가 생성된다.

이 때 연료극과 공기극에는 산화 및 환원 반응이 잘 일어나도록 백금과 같은 금속을 전극촉매로 사용한다.

05 연료전지의 종류 및 용도

1. 연료전지의 종류

연료전지는 사용되는 전해질의 종류에 따라 고분자전해질 연료전지, 인산형 연료전지, 용융탄산염 연료전지, 고체산화물 연료전지, 알칼리 연료전지, 직접메탄올 연료전지(Direct Methanol Fuel Cell) 등으로 구분된다.

(1) 고분자전해질 연료전지

고분자전해질 연료전지는 수소이온을 전도할 수 있는 나피온 고분자막을 전해질로 사용한다. 나피온은 겉보기에는 비닐과 같은 형상을 가지고 있으나, 내부에는 스펀지와 같이 많은 미세 기공을 가지고 있으며, 황산기($-SO_3H$)를 많이 가지고 있다. 나피온은 수분을 흡수하게 되면 수소이온 전도성이 생겨 연료전지의 전해질로 작용한다. 따라서 고분자전해질 연료전지의 전해질막은 작동 시 젖어있어야 하며, 이를 위해 100 ℃ 미만에서 운전하게 된다. 이러한 낮은 온도에서 운전할 경우에는 전극에 사용하는 촉매의 활성과 물성이 우수하여야 하므로 반드시 백금을 전극촉매로 사용한다. 고분자전해질 연료전지에서의 전극반응은 아래와 같다.

연료극반응: $H_2 \rightarrow 2H^+ + 2e^-$	E^o=0.00V
공기극반응: $1/2O_2 + 2H^+ + 2e^- \rightarrow H_2O$	E^o=1.23V
전체반응: $H_2 + 1/2O_2 \rightarrow 2H_2O$	E^o=1.23V

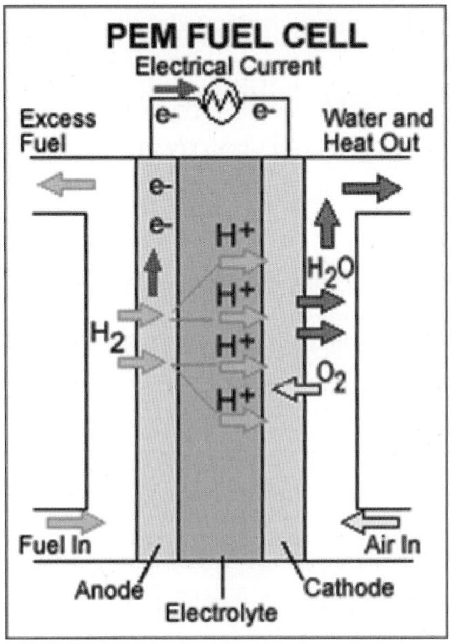

[그림 4-13] PEMFC의 작동 원리

고분자전해질 연료전지는 백금을 전극촉매로 사용하는데, 백금은 황 또는 일산화탄소와 만나게 되면 촉매로서의 활성이 저하되게 된다. 따라서 고분자전해질 연료전지의 연료로 사용되는 수소는 순도가 99.99 % 이상이어야 하며, 황과 일산화탄소 농도의 농도를 1 ppm 이하로 유지하여야 한다. 고분자전해질 연료전지의 작동원리는 [그림 4-13]에 나타내었다. 연료극으로 공급된 수소는 연료전극에서 수소이온과 전자로 산화된다. 분리된 수소이온은 전해질막을 통해 공기극으로 이동하며, 전자는 전선을 타고 외부의 전선을 통해 공기극으로 이동한다. 공기극으로 공급된 산소는 공기극에서 선해질을 통해 넘어온 수소이온 및 전선을 타고 넘어온 전자와 환원반응하며 물이 된다.

고분자전해질 연료전지는 소용량 발전 시스템에 적합하며, 잦은 시동 및 정지에도 안정된 성능을 유지한다.

(2) 인산형 연료전지

인산형 연료전지는 고분자전해질 연료전지보다 먼저 실용화되었으며, 용융된 액체 인산을 전해질로 사용하는 것을 제외하고는 기본적으로 고분자전해질 연료전지와 매우 유사하다. 작동온도는 용융된 인산을 사용할 경우에는 인산의 녹는점보다 높은 온도인 200 ℃ 이상이다.

인산형 연료전지 역시 백금을 전극촉매로 사용하는데, 운전온도가 200 ℃ 이상의 중온이라 황 또는 일산화탄소에 의한 촉매활성의 저하가 고분자전해질 연료전지에

연료극반응: $H_2 \rightarrow 2H^+ + 2e^-$ E^o=0.00V

공기극반응: $1/2O_2 + 2H^+ + 2e^- \rightarrow H_2O$ E^o=1.23V

전체반응: $H_2 + 1/2O_2 \rightarrow 2H_2O$ E^o=1.23V

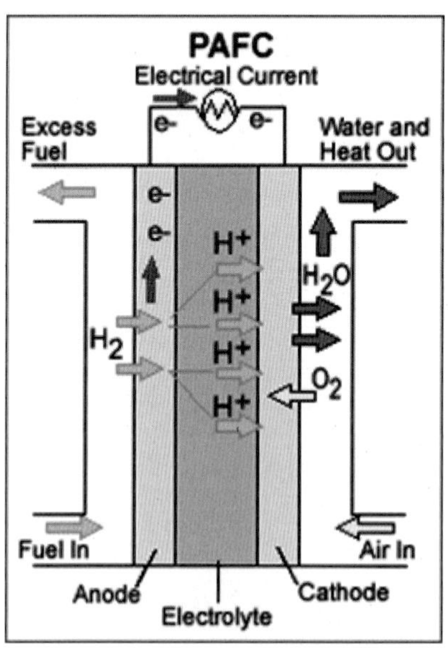

[그림 4-14] PAFC의 작동 원리

비해서는 약하기 때문에 수소의 순도에 대한 요구는 고분자전해질 연료전지보다는 덜 엄격하다. 인산형 연료전지의 작동원리는 [그림 4-14]에 나타내었으며, 연료극 및 공기극 반응은 고분자전해질 연료전지와 동일하게 일어난다.

인산형 연료전지는 대용량의 발전용으로 주로 사용된다.

(3) 알칼리 연료전지

알칼리 연료전지는 수산화나트륨 또는 수산화칼륨을 진한 수용액 또는 용융된 형태로 전해질로 사용하며, 이때의 이온전도체는 수산이온(OH^-)이 된다. 수용액을 사용할 경우에는 100 ℃ 이하에서 운전하지만 알칼리를 용융한 전해액을 사용할 경우에는 250 ℃ 정도의 온도에서 운전하여야 한다.

연료극반응: $H_2 + 2OH^- \rightarrow 2H_2O + 2e^-$ $E^\circ=-0.83V$

공기극반응: $O_2 + H_2O + 2e^- \rightarrow 2OH^-$ $E^\circ=0.40V$

전체 반응: $H_2 + 1/2O_2 \rightarrow 2H_2O$ $E^\circ=1.23V$

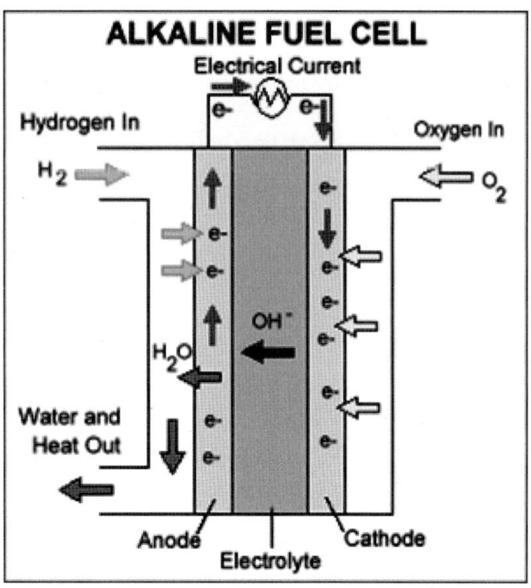

[그림 4-15] AFC의 작동 원리

알칼리 연료전지의 작동원리는 [그림 4-15]에 나타내었으며, 공기극에서는 산소와 물 그리고 전선을 통해 공급된 2개의 전자와의 환원 반응을 통해 수산이온이 생성된다. 이 수산이온은 알칼리 전해질을 타고 연료극으로 넘어가서 수소와의 산화반응을 통해 물이 되며, 이 과정에서 2개의 전자가 생성되게 된다.

알칼리 연료전지는 고분자전해질 연료전지에 비해 전극반응의 활성화에너지가 낮아 백금 이외의 다른 다양한 금속을 전극촉매로 사용할 수 있고, 발전효율이 높은 장점을 가지고 있다. 하지만 이산화탄소가 알칼리 전해질과 접촉하게 되면 탄산염이 생성되게 되고($2NaOH + CO_2 \rightarrow Na_2CO_3 + H_2O$), 전해질로서의 기능이 저하되게 된다. 즉, 일반 공기를 공기극에 공급할 경우, 공기 중의 이산화탄소에 의한 전해질의 성능저하가 일어나므로 순수한 산소 또는 이산화탄소가 제거된 공기를 사용하여야만 하는 단점이 있다. 이로 인해 일반적인 용도로는 사용되지 못하고 우주용 또는 잠수함용 등의 특수용도로 사용된다.

(4) 용융탄산염 연료전지

용융탄산염 연료전지는 전해질로 용융된 탄산나트륨 또는 탄산칼륨을 전해질로 사용하며 탄산염들을 녹이기 위해서는 650 ℃ 이상의 고온이 필요하기 때문에 고온형 연료전지로 분류된다. 이처럼 고온에서 운전되기 때문에 고분자전해질 연료전지나 인산형 연료전지와 같은 저온형 연료전지에서 기대할 수 없는 장점들을 갖고 있다.

탄산용융염 연료전지의 작동원리는 [그림 4-16]에 나타내었으며, 용융탄산염 연료전지는 탄산이온(CO_3^{2-})을 전하이동체로 사용한다. 공기극으로 공급된 산소와 이산화탄소가 전선을 타고 공급된 2개의 전자와 결합하는 환원반응을 하여 탄산이온이 된다. 연료극에서는 탄산이온과 수소와의 산화 반응을 통해 물과 이산화탄소가 생성되며, 더불어 2개의 전자가 발생되게 된다. 전체 반응식은 수소와 산소가 반응하여 물이 생성되는 반응이지만, 연료극에서 발생된 이산화탄소를 공기극에 공급하여야 함을 알 수 있다.

고온에서의 빠른 전기화학반응은 전극에 쓰이는 촉매로써 백금 대신 저렴한 니켈

연료극 반응: $H_2 + CO_3^{2-} \rightarrow H_2O + CO_2 + 2e^-$

공기극 반응: $1/2O_2 + CO_2 + 2e^- \rightarrow CO_3^{2-}$

전체 반응: $H_2 + 1/2O_2 \rightarrow 2H_2O$ E^o=1.23V

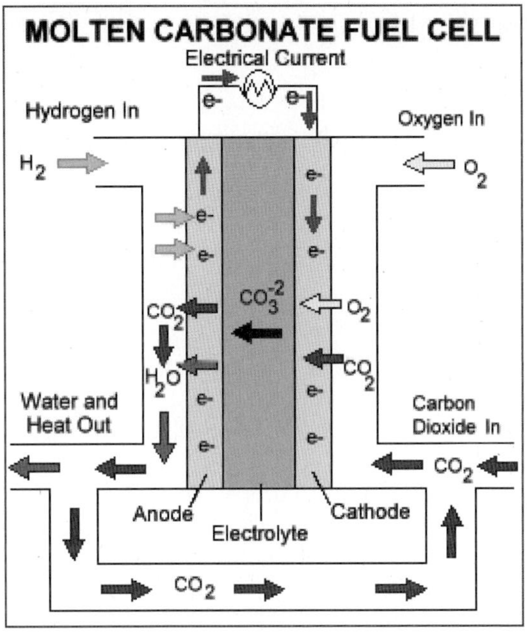

[그림 4-16] MCFC의 작동 원리

의 사용을 가능케 하여 경제성이 향상된다. 또한 전극촉매인 백금의 성능을 저하시키는 일산화탄소마저도 수성가스 전환반응($CO + H_2O \rightarrow H_2 + CO_2$)을 통하여 연료로 이용할 수 있게 된다. 따라서 일산화탄소를 발생시킬 우려가 있어 백금을 이용하는 저온형 연료전지에는 사용하기 힘든 석탄가스, 천연가스, 메탄올, 바이오매스 등 다양한 연료를 용융탄산염 연료전지에는 이용할 수 있다.

또한, 용융탄산염 연료전지는 외부에서 공급되는 천연가스를 수소로 전환하는 방식에 따라 내부개질형과 외부개질형으로 구분할 수 있다. 내부개질형은 용융탄산염 연료전지의 높은 작동 온도를 이용하여 연료전지 내부에서 전기화학반응 뿐만 아니라 천연가스와 같은 연료의 개질반응 ($CH_4 + 2H_2O \rightarrow 4H_2 + CO_2$)이 동시에 진행되게 하는 것이다. 이러한 내부개질형 용융탄산염 연료전지는 전기화학반응에서 발생하는 반응열을 별도의 외부 열교환기 없이 직접 흡열반응인 개질반응에 이용하여 전체 시스템의 열효율이 추가로 증가하며, 시스템 구성이 간단해지는 장점이 있다. 외부개질형 용융탄산염 연료전지는 외부에서 먼저 천연가스를 개질하여 생산한 수소를 연료전지 시스템으로 공급하므로 시스템의 구성이 보다 복잡해진다. 현재는 대부분 내부개질형이 채택되고 있다.

용융탄산염 연료전지는 시스템이 복잡하므로, 수백 kW급의 대용량의 발전시스템에 주로 사용된다. 추가로 열회수시스템을 적용하여 고온의 폐열을 회수하여 사용하면 전체 발전 시스템의 열효율을 약 60 % 이상으로 올릴 수 있다.

(5) 고체산화물 연료전지

고체산화물 연료전지는 산소 이온(O^{2-})을 투과시킬 수 있는 고체산화물을 전해질로 사용하는 연료전지로써, 현존하는 연료전지 중 가장 높은 온도(700 ~ 1,000 ℃)에서 작동한다. 전해질로는 8 % YSZ (8 %의 이트륨을 포함하는 지르코늄 산화물)를 주로 사용한다. 고체산화물 연료전지는 탄산용융염 연료전지와 함께 고온형 연료전지로 분류된다. 이렇게 고온에서 운전하기 때문에 연료전지용 전해질로 사용될 수 있을 정도의 산소이온 전도도를 가진다.

고체산화물 연료전지의 작동원리는 [그림 4-17]에 나타내었으며, 공기극에서는 산소가 전선을 통해 전달된 전자와 환원반응을 하여 산소이온이 되어 고체산화물 전해질 내부로 이동한다. 이 산소이온은 고체산화물 전해질을 통해 연료극으로 이동하여 다시 연료극에 공급된 수소와의 산화반응을 통해 물을 생성하게 되는데, 이 때 연료극에서 2개의 전자가 생성되게 된다.

고체산화물 연료전지는 모든 구성요소가 고체로 이루어져 있기 때문에 다른 연료전지에 비해 구조가 간단하고, 전해질의 손실 및 보충과 부식의 문제가 없다. 또한 고온에서 작동하기 때문에 백금과 같은 고가의 귀금속 촉매 대신 니켈이 촉매로 사용된다. 또한 탄산용융염 연료전지와 같이 연료전지 내부에서 천연가스가 수소로 전환되

연료극반응: $H_2 + O^{2-} \rightarrow H_2O + 2e^-$

공기극반응: $1/2O_2 + 2e^- \rightarrow O^{2-}$

전체 반응: $H_2 + 1/2O_2 \rightarrow 2H_2O$ E^o=1.23V

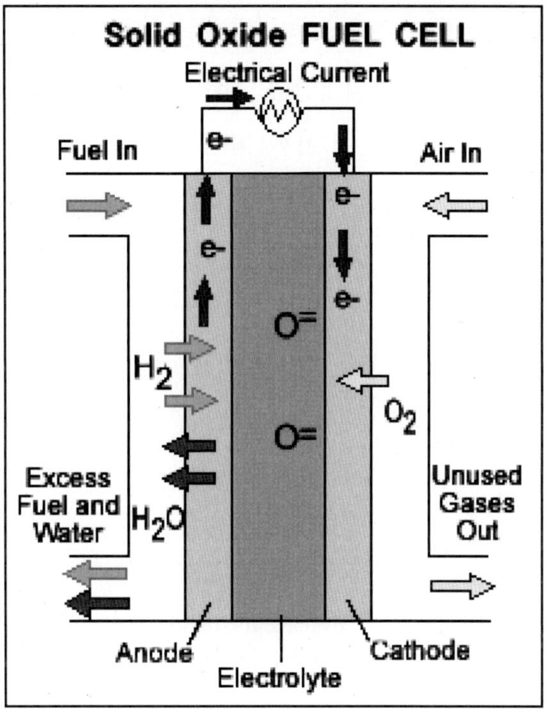

[그림 4-17] SOFC의 작동 원리

는 직접 내부 개질을 통한 연료 공급도 가능하다. 단점으로는 모든 구성요소가 고체로 이루어져 있어 고온에서 밀봉이 어렵고, 시동과 정지시의 열충격으로 인해 내구성이 약한 것을 들 수 있다.

고체산화물 연료전지는 고온의 가스를 배출하기 때문에 폐열을 이용한 열복합 발전을 통해 발전효율 향상 또한 가능하다. 이러한 장점들 덕분에 미국, 일본 등 선진국을 중심으로 활발히 연구개발 및 상용화가 진행되고 있다.

(6) 직접메탄올 연료전지

직접메탄올 연료전지는 고분자전해질 연료전지와 모든 시스템이 동일하며, 단지 차이점은 연료로 수소 대신 메탄올을 이용하는 것이다.

직접메탄올 연료전지의 작동원리는 [그림 4-18]에 나타내었으며, 연료극에서 1개의 메탄올이 분해되면서 수소이온과 6개의 전자를 발생시키며, 공기극에서는 고분자전해질 연료전지와 동일한 반응이 일어난다. 메탄올이 분해되면 최종적으로 이산화탄소가 발생되는데, 이 과정에서 미량의 일산화탄소도 발생하게 된다. 따라서 일산화탄소에 취약한 백금 대신 일산화탄소에 대해 내성을 가지는 백금-루테늄(PtRu) 합금을 연료극의 전극촉매로 사용한다.

연료극 반응: $CH_3OH + H_2O \rightarrow CO_2 + 6H^+ + 6e^-$ E^o=0.04V

공기극 반응: $3/2O_2 + 6H^+ + 6e^- \rightarrow 3H_2O$ E^o=1.23V

전체 반응: $CH_3OH + 3/2O_2 \rightarrow CO_2 + 2H_2O$ E^o=1.19V

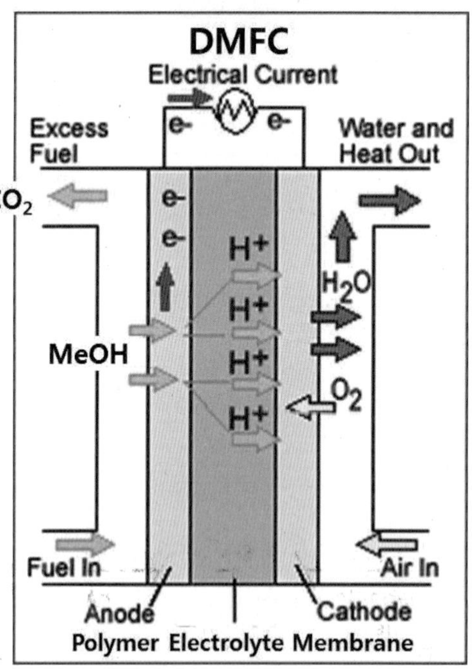

[그림 4-18] DMFC의 작동 원리

연료의 공급이 번거로운 수소보다 액체 상태의 메탄올은 보관과 공급이 용이한 장점이 있어 많은 연구가 되어왔다. 하지만 수소보다 복잡한 구조를 가진 메탄올이 분해되는 반응이 훨씬 어렵기 때문에 고분자전해질 연료전지에 비해 10배 이상의 백금 촉매를 사용하여야 하고, 연료전지 시스템이 커지는 단점이 있다. 또한 메탄올의 유독성으로 인한 관리의 주의가 필요하다.

액체를 사용하는 연료 공급의 용이성으로 인해 많은 전자회사에서 소형 DMFC 시스템을 제작하여 노트북, 스마트폰과 같은 휴대용 전자기기의 전원으로 사용하고자 시도하였다. 하지만 부피 저감 및 가격 저감의 한계로 인하여 아직 상용화에 성공하지는 못하고 있다.

이상과 같이 여러 가지 연료전지의 특성에 대해 살펴보았으며, 각 연료전지의 특징은 〈표 4-3〉과 같다.

〈표 4-3〉 여러 가지 연료전지의 특징

종류	PEMFC	PAFC	AFC	MCFC	SOFC	DMFC
작동온도 (℃)	〈 90	200 〈	60~250	600~800	700~1,000	〈 90
전극촉매	Pt	Pt	Ni, Au	Ni, NiO	Ni, 란탄산화물	PtRu, Pt
효율 (%)	〈 40	40 ~ 45	~ 60	50 ~ 60	50 ~ 60	〈 40
전해질	고분자 전해질	액체 인산	액체 KOH/NaOH	용융 탄산염 (Na_2CO_3, K_2CO_3)	YSZ (8% Y_2O_3-ZrO_2)	고분자 전해질
전하 운반체	H^+	H^+	OH^-	CO_3^{2-}	O_2^-	H^+

2. 연료전지의 용도

연료전지는 종류와 크기에 따라 [그림 4-19]에 나타낸 바와 같이, 수 W급에서부터 수 MW급까지 다양한 출력의 연료전지 시스템을 제작할 수 있다. 수 ~ 수십 W급의 소형시스템은 직접메탄올 연료전지를 주로 이용하며, 수십 W ~ 수십 kW급의 연료전지 시스템은 사용이 편리한 고분자전해질 연료전지 또는 고체산화물 연료전지를 이용한다. 수백 kW ~ 수 MW급의 발전용 연료전지 시스템은 발전효율이 높은 탄산용융염 연료전지 또는 고체산화물 연료전지가 적합하다.

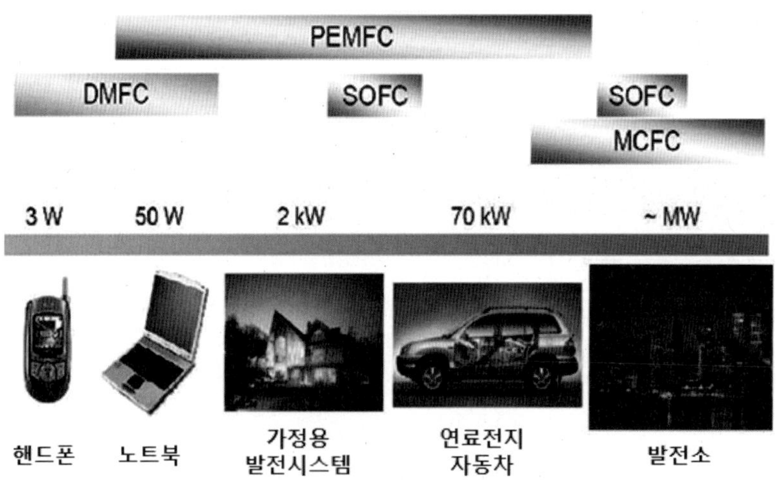

[그림 4-19] 연료전지의 출력에 따른 응용

[그림 4-20] DMFC를 적용한 연료전지 제품들: 좌로부터 이동형 전원, 오토바이, 지게차

(1) 휴대용 연료전지

휴대기기용 및 이동형 전원용 연료전지는 수소를 연료로 사용하기가 곤란하므로, 직접메탄올 연료전지를 주로 사용하고 있다. 스마트폰이나 노트북과 같은 휴대기기용 연료전지 시스템이 다수의 전자회사들에서 개발된 바 있지만 그 가격이 수백만 원의 고가이어서 실용화되지는 못하였으며, 현재는 휴대기기용 연료전지 개발은 주춤한 상태이다. 직접메탄올 연료전지의 다른 응용으로 [그림 4-20]에 나타낸 바와 같이 이동형 전원, 지게차, 연료전지 오토바이, 골프카트, 군사용 응용 등이 제안되고 있다.

(2) 가정용 연료전지

가정용 연료전지는 가정용 발전시스템(RPG, Residential Power Generator) 또는 열병합발전시스템(CHP system, Combined Heat and Power system) 등으로 불린다. 가정에서는 주로 발전소에서 공급되는 전기와 보일러에서 제공되는 온수를 사용한다. 가정용 연료전지 발전시스템을 사용하면, 연료전지를 이용한 발전과 동시에 온수를 얻을 수 있다. 가정용 연료전지 발전시스템은 전기효율 40 %, 열효율 40 % 수준으로 전체 에너지효율이 80 % 이상이나. 이는 발전소 전기와 보일러 온수를 각각 사용하는 것에 비해 에너지 사용량을 줄일 수 있다.

가정용 연료전지 발전시스템은 보통 1 kW급을 사용하며, 고분자전해질 연료전지 또는 고체산화물 연료전지가 적용된다. 고분자전해질 연료전지는 사용이 편리하므로 시동과 정지를 자주 반복하는 경우에 유리하고, 고체산화물 연료전지는 발전효율은 높지만, 고온형 연료전지의 특성상 자주 시동과 정지를 반복하는 것은 내구성에 악영향을 미치므로 좋지 않다. 따라서 지속적으로 가동할 수 있는 곳에 설치하는 것이 적합하다.

국내의 대부분의 가정에는 도시가스가 들어오고 있으며, 가정용 연료전지 발전시스템은 이 도시가스를 연료로 하여 연료전지를 가동한다. 연료전지에 연결되는 연료는 도시가스이지만, 실제 연료전지 시스템에는 수소가 들어가야 하는데 이를 위해 도

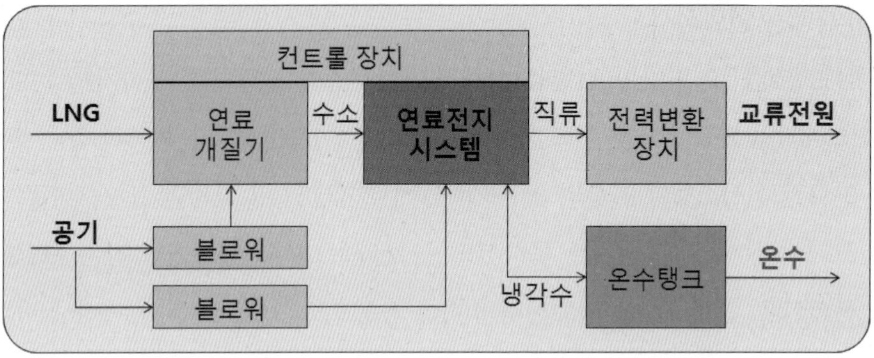

[그림 4-21] 가정용 연료전지 발전시스템의 구조

시가스를 수소로 전환해 주는 연료개질기가 연료전지 시스템 이전에 장치되어야 한다. 가정용 연료전지 발전시스템의 구성도를 [그림 4-21]에 나타내었다. 연료전지 시스템에서는 직류전력이 생산되므로, 가정에서 사용하기 위해서는 인버터와 같은 전력변환장치를 이용하여 이를 교류로 변환하여야 한다. 또한 연료전지의 열은 온수탱크와의 열교환을 통해 온수로 활용이 가능하게 된다.

도시가스를 수소로 바꾸기 위해서는 [그림 4-22]와 같은 구조를 가지는 연료개질기를 사용하여야 한다. 도시가스의 주성분은 메탄(CH_4)인데, 이는 무색무취이기 때문에 누출을 감지할 수가 없다. 따라서 도시가스 누출 감지의 편의를 위해 황을 포함하고 있는 냄새가 나는 부취제를 소량 섞어서 공급하고 있다. 고분자전해질 연료전지의 전극촉매로 사용되는 백금은 황이나 일산화탄소가 수소 중에 있을 경우에 성능이 저하된다. 따라서 연료전지에 사용하기 위해서는 일차적으로 도시가스에서 황을 제거하는 탈

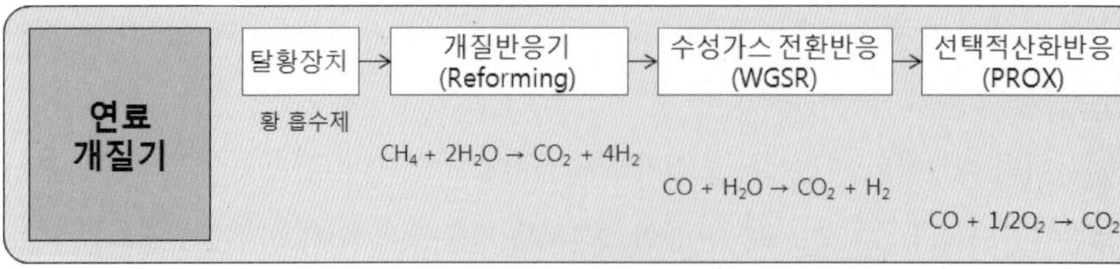

[그림 4-22] 연료개질기의 구조

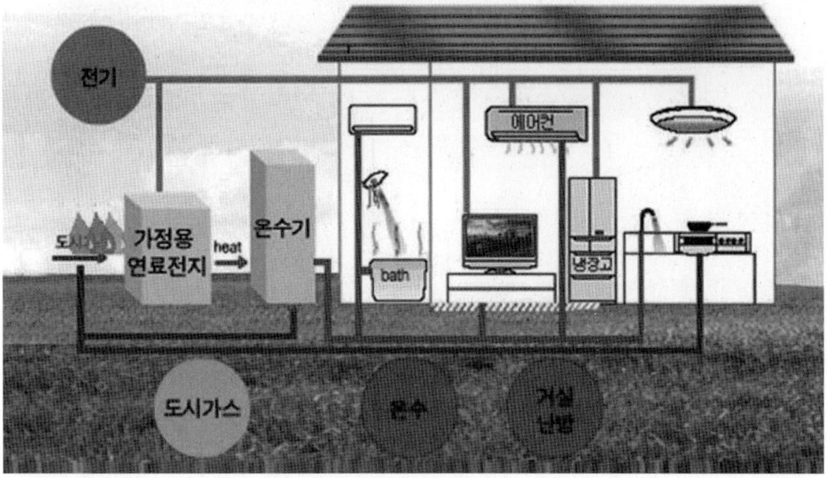

[그림 4-23] 가정용 연료전지 발전시스템의 적용 예

황장치가 필요하며, 이후에 메탄을 수소로 바꾸어주는 개질반응기가 위치하게 된다. 개질반응을 거쳐도 수 %의 일산화탄소가 존재하게 되는데, 이후의 수성가스 전환반응기에서 일산화탄소를 물과 반응시켜 다시 수소로 전환시킨다. 이를 통해 일산화탄소 농도를 수백 ppm까지 낮출 수 있는데, 마지막으로 선택적 산화반응기를 거치면 CO 농도가 10 ppm 이하까지 줄어들어, 연료로 사용하기에 적합한 수소가 얻어진다.

가정용 연료전지 발전시스템을 가정에 사용하는 예를 [그림 4-23]에 나타내었다.

일본은 가정용 연료전지 발전시스템 기술에 있어, 최상위의 기술을 보유하고 있으며, 다수의 가스회사에서 에네팜(ENE · FARM)이라는 공동브랜드로 가정용 연료전지 발전시스템을 판매하고 있는데, 신문 광고 뿐만 아니라 TV에 광고까지 다양하게 홍보를 하고 있다. 이러한 가정용 연료전지 발전시스템의 보급을 위해 정부에서는 보조금을 지급하고 있는데, 후쿠시마 원전사고가 발생한 2011년에는 여름에 보조금이 고갈되었고, 이후로도 일본에서는 가정용 연료전지 발전시스템의 인기가 지속적으로 상승하고 있다. 일본의 가정용 연료전지 발전시스템의 보급 시나리오는 [그림 4-25]와 같다. 2014년까지 누적 14만대가 보급되었으며, 2030년까지 누적 250만대의 보급을 목표로 하고 있다.

[그림 4-24] ENE · FARM 홍보사진

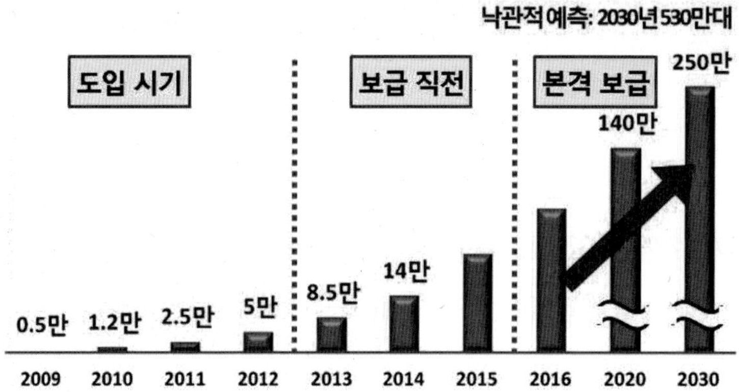

[그림 4-25] 일본의 가정용 연료전지 발전시스템 보급 현황 및 계획(누적 대수)

국내의 경우는 연료전지 가격의 75 %를 정부에서 보조하고 있으나, 아직 본격적인 보급은 되지 못하고 있다.

(3) 자동차용 연료전지

에너지의 고갈 및 이산화탄소 배출에 의한 지구온난화에 대한 우려로 친환경 자동차의 개발에 대한 지속적인 요구가 있다. 연료전지 자동차는 높은 발전효율을 가지면서 수소와 산소와의 반응에 의해 물만을 배출하므로, 에너지 효율 증대와 이산화탄소 배출량 저감에 있어 중요한 역할을 할 수 있다. 휘발유 자동차, 하이브리드 자동차, 연료전지 자동차의 에너지효율을 〈표 4-4〉에 비교하였다.

〈표 4-4〉 여러 가지 자동차의 에너지 효율

자동차 종류	연료효율[1] (%)	차량효율[2] (%)	종합효율[3] (%)
휘발유 자동차	88	16	14
최신형 하이브리드 자동차	88	37	32
연료전지 자동차	70	60	42

1) 연료효율(Well-to-Tank 효율): 원유나 천연가스를 채굴하여 휘발유, 경유, 천연가스, 수소와 같은 자동차용 연료로 생산하는 과정에서의 에너지 효율. 휘발유차는 유정에서 연료탱크로 공급이 되는 과정에서의 에너지 효율을 뜻하며, 연료전지 자동차는 천연가스 채굴로부터 자동차의 수소탱크에 주입되는 과정에서의 에너지 효율을 뜻함.

2) 차량효율(Tank-to-Wheel 효율): 연료탱크의 연료를 사용하여 바퀴로 주행하는 과정에서의 에너지 효율. 엔진을 사용하는 자동차의 효율이 낮으며, 연료전지는 발전 효율이 높으므로 매우 우수한 차량 효율을 보임.

3) 종합효율(Well-to-Wheel 효율): 연료의 채굴에서부터 자동차의 바퀴로 주행하기까지의 전 과정에서의 에너지 효율(연료효율 X 차량효율 = 종합효율).

일반적으로 연료전지 승용차는 75 ~ 100 kW, 연료전지 버스는 약 200 ~ 300 kW 정도의 출력을 요구한다. 연료전지 자동차의 구조는 [그림 4-26]과 같다. 연료인 수소를 저장하는 수소탱크가 있고, 수소를 이용하여 전력을 생산하는 연료전지 시스템, 연료전지에서 생산된 직류전력을 교류로 변환시켜주는 전력변환장치, 연료전지에 공기를 공급해주는 블로워, 연료전지 자동차의 시동 시에 필요한 배터리와 같은 보조

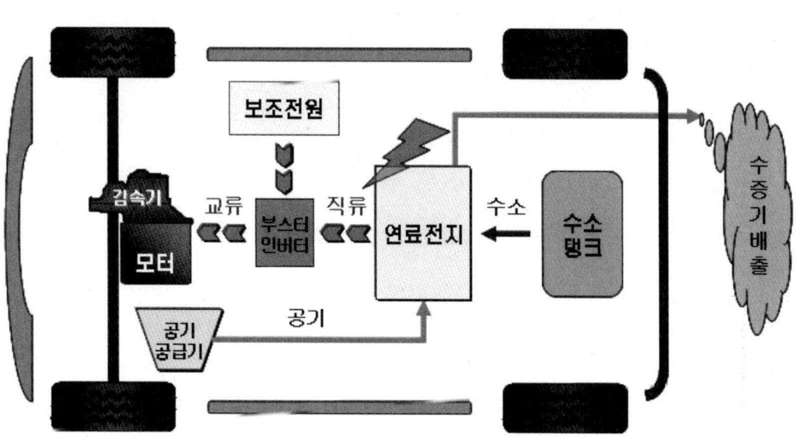

[그림 4-26] 연료전지 자동차의 구조

[그림 4-27] 현대자동차의 투싼 ix 연료전지 자동차

전원, 전기를 이용하여 자동차를 추진하기 위한 구동모터 등이 주요 구성품이다.

다수의 자동차 회사들이 에너지 효율이 높고, 환경오염이 적은 수소 연료전지 자동차의 개발에 주력하고 있으며, 현대자동차는 2013년에 세계 최초로 수소 연료전지 생산을 위한 라인을 울산에 구축하였다. 현재는 현대자동차의 투싼 ix(2013년), 토요타의 미라이(2014년), 혼다의 클라리티(2016년)가 상용으로 출시되어 있다.

(4) 발전용 연료전지

연료전지는 화력발전에 비해 높은 발전효율을 가진다. 특히 고온형 연료전지는 연료전지 중에서도 발전효율이 높기 때문에 발전소용으로 사용하기에 적합하다. 국내에서는 미국의 FCE(Fuel Cell Energy)사와 기술제휴를 맺은 포스코에너지가 발전용 용융탄산염 연료전지를 상업화하여, 현재 셀에서부터 시스템에 이르기까지 부품의 국산화가 100% 완성되었다. 포스코에너지는 2015년까지 150 MW의 탄산용융염 연료전지 발전시스템을 보급하였으며, 향후 지속적으로 연료전지 발전소가 설치될 것으로 예상된다. 단일규모로는 세계 최대인 58.8 MW급의 연료전지 발전소를 경기도 화성시에 2013년에 준공한 바 있다.

인산형 연료전지의 경우에도 두산퓨얼셀에서 미국의 클리어엣지파워사를 인수하

[그림 4-28] 경기도 화성 발안단지에 있는 60 MW급 MCFC 발전소

여 발전용 연료전지를 판매하고 있다.

고체산화물 연료전지도 고온형 연료전지로서 발전용으로 적합하나, 아직 상용화하기에는 기술 수준이 부족하여 유일하게 미국의 블룸에너지에서만 상용화가 되었다. 국내에서는 LG퓨얼셀시스템즈에서 영국의 롤스로이스와 합작하여 발전용 고체산화물 연료전지 시스템을 개발하고 있다.

고온형 연료전지의 경우, 고온으로 배출되는 열을 회수하여 다시 발전에 사용할 경우, 보다 높은 발전효율을 얻는 것이 가능하다.

[그림 4-29] 미국 캘리포니아 이베이 본사에 설치된 Bloom box(블룸에너지의 SOFC 시스템)

06 고분자전해질 연료전지

1. 고분자전해질 연료전지의 구성

여러 가지 연료전지 가운데에서 현재 고분자전해질 연료전지가 상용화가 가장 많이 진행되었고 또한 많은 관심을 받고 있기에 고분자전해질 연료전지의 구조에 대해 보다 상세히 알아보고자 한다.

고분자전해질 연료전지에서 발전을 하는 기본 단위는 고분자전해질막 양쪽에 공기극 전극촉매와 연료극 전극촉매가 코팅된 막전극접합체(MEA, Membrane Electrode Assembly)이다. 막전극접합체의 구조는 [그림 4-30]과 같으며, 고분자전해질막 양쪽에 전극촉매가 코팅된 것을 3-layer 막전극접합체라고 하며, 바깥쪽에 수소나 공기 같은 기체의 공급을 원활하게 하기 위해 기체확산층(GDL, Gas Diffusion Layer)을 덧붙인 것은 5-layer 막전극접합체라고 한다.

하나의 막전극접합체는 하나의 전지 셀(Cell)로 작용하며, 이를 흑연과 같은 도전

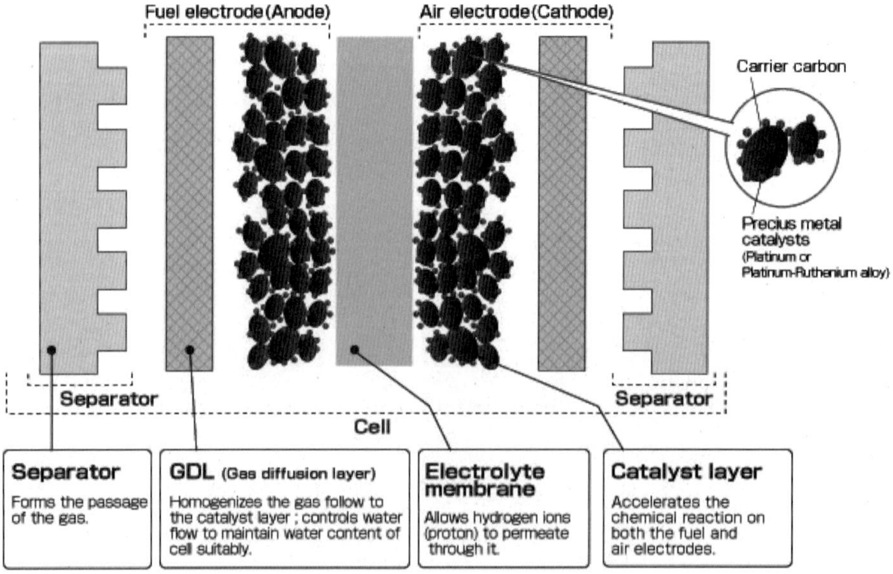

[그림 4-30] 막전극접합체의 구조

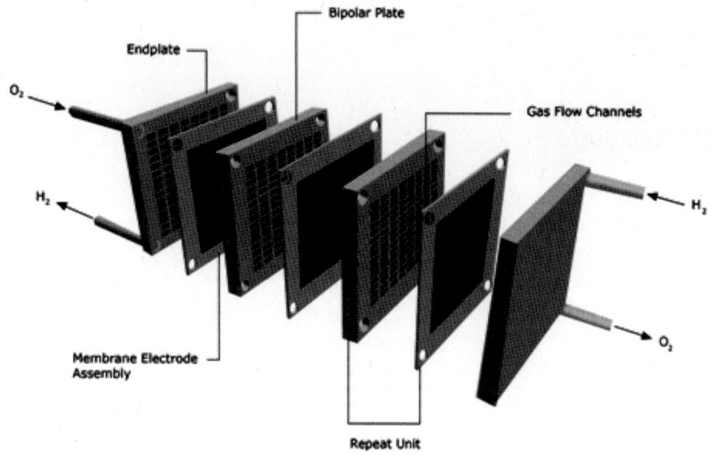

[그림 4-31] 고분자전해질 연료전지 스택의 구조

성 물질로 이루어진 분리판(Separator 또는 Bipolar plate)과 교대로 밀봉을 위한 개스킷(Gasket 또는 Sealing)을 사이에 두고 여러 장 적층하면 [그림 4-31]에 보이는 것과 같이 여러 개의 전지가 직렬로 연결된 스택(Stack)이 된다.

고분자전해질 연료전지 시스템에서 연료전지 반응을 통해 직접 전기를 발생시키는 스택에 들어가는 소재와 그 기능은 〈표 4-5〉와 같다.

〈표 4-5〉 고분자전해질 연료전지 스택을 구성하는 핵심 소재 및 그 기능

소재	기능
고분자전해질막	수소이온 전달
전극촉매	수소 산화반응 및 산소 환원반응 촉진
막전극접합체	스택 조립에 용이하도록 고분자전해질막의 양면에 전극촉매를 코팅하여 미리 접합한 제품
기체확산층	전극촉매 바깥을 덮어 촉매 유실을 방지하고, 반응물과 생성물의 흐름을 원활하게 하는 등 다양한 기능을 함
분리판	각각의 연료전지 셀을 구성하는 MEA들 사이에 위치하여, 각각의 셀을 전기적으로 직렬로 연결시킴
개스킷	분리판과 MEA사이를 밀봉하여 스택내부의 반응물이나 생성물을 외부와 격리시킴

2. 고분자전해질 연료전지의 소재

(1) 고분자전해질막

고분자전해질막으로는 황산기를 포함하고 있어, 수분에 의해 젖은 상태에서 수소이온을 전달할 수 있는 불소계소분자인 나피온이 주로 사용되고 있다. 수소이온을 잘 전달하기 위해서는 가능한 한 두께가 얇은 것이 좋지만, 너무 얇으면 기계적 강도가 약해지므로 적절한 두께(수십 ㎛)의 전해질막을 사용하여야 한다. 그 외에도 전해질막의 양쪽으로 수소와 공기가 공급되고 있으므로, 전해질막은 이러한 기체가 투과할 수 없어야 한다.

또한 나피온은 사용 시에 젖은 상태와 건조 상태를 오가게 되는데, 이에 따른 전해질막의 부피변화가 적게 일어나는 것도 수명을 위해서는 매우 중요하다. 만약 나피온막에 구멍이 나거나 찢어지게 되면 사용을 할 수 없게 된다.

(2) 전극촉매

전극촉매로는 수 십 nm 입자크기를 가지는 카본블랙에 1~3 nm 크기의 나노백금입자가 분산된 것을 사용한다. 100 ℃ 미만의 온도에서는 백금이 유일하게 수소를 산화시켜 진자와 수소이온으로 분해하고, 산소를 환원시켜 물로 전환할 수 있는 금속이며, 산소를 환원시키는 반응이 훨씬 일어나기 어려우므로 공기극 쪽의 백금촉매 사용량이 훨씬 많다. 따라서 백금의 사용량을 줄이는 것이 연료전지의 가격 저감을 위해 중요한 요소이다.

백금촉매는 일산화탄소가 존재하면 성능이 저하되는데, 이에 대한 저항성이 필요한 경우에는 백금-루테늄 합금촉매를 사용한다. 또한 연료전지를 장시간 가동하면 나노백금입자끼리 서로 뭉치는 현상이 발생하여 촉매반응에 사용할 수 있는 백금의 표면적이 줄어들게 되어 성능이 저하되게 된다.

백금 이외의 저가 전극촉매를 개발하고자 하는 많은 연구가 이루어지고 있으나, 아직까지는 성과가 미미하다.

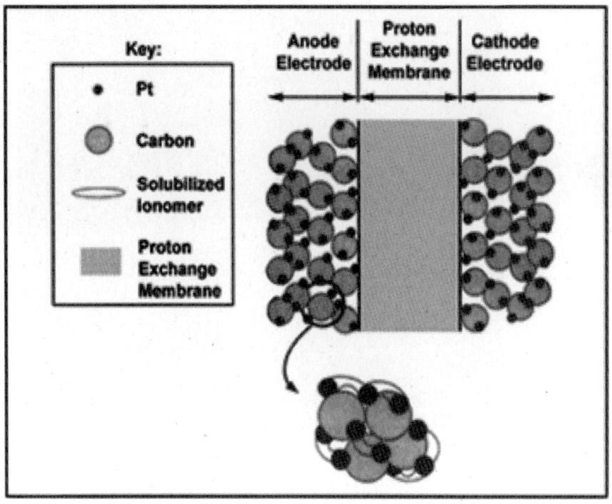

[그림 4-32] MEA의 전극촉매층 구조

[그림 4-33] 막전극접합체

(3) 막전극접합체

막전극접합체는 전해질막의 양쪽에 전극촉매를 코팅한 것이다. 전극촉매층의 구조를 보면 [그림 4-32]에 보이는 것과 같이 카본블랙에 나노백금이 담지된 촉매와 나피온 성분의 이오노머가 같이 존재하고 있다. 전극촉매층에서 원활한 이동이 필요한 것은 반응물과 생성물 기체, 전자, 수소이온의 세 가지가 있다. 반응물과 생성물 기체는 촉매 입자들 사이의 빈 공간을 통해 이동하며, 전자는 촉매 입자들끼리의 접촉을 통해 이동한다. 나피온 성분의 이오노머는 촉매입자들 간에 서로 얼기설기 얽혀 있는데, 수소이온은 이렇게 서로 얽혀 있는 이오노머를 통해 이동한다.

막전극접합체의 제조에 있어서 전극촉매와 이오노머의 비율, 코팅에 사용할 전극촉매와 이오노머 용액의 종류, 코팅하는 방법 등이 모두 중요한 요소이다.

막전극접합체의 실물 사진을 [그림 4-33]에 나타내었다.

(4) 기체확산층

기체확산층은 막전극접합체와 분리판 사이에 위치하여 전극촉매층을 보호하면서 전극촉매와 분리판 사이의 선기적 연결을 잘 하고, 수소나 공기가 전극촉매까지 잘 공급될 수 있도록 도와준다. 물리적 특성은 종이와 유사하지만, 탄소섬유를 이용하여 만

[그림 4-34] 기체확산층

[그림 4-35] 분리판의 예

든 것이어서 내구성이 우수하며 전기를 잘 통한다. 또한 내부에 많은 기공을 가지고 있어 수소나 공기, 물과 같은 기체들이 잘 드나들 수 있다. 너무 수분을 많이 함유하면 물에 젖어서 수소나 공기가 투과되지 않을 수 있으므로 테플론 처리를 하여 적절한 발수성을 가지도록 조절한다. 또한 전극촉매와 닿는 부분의 전기적 접촉을 향상시키기 위하여 나노탄소 분말을 기체확산층 표면에 코팅하기도 한다.

두께, 재질, 발수 정도, 나노탄소 분말 코팅 등에 따라 다양한 종류가 있으므로, 사용하고자 하는 스택의 특성과 막전극접합체의 특성에 맞는 기체확산층을 잘 선택하여야 한다. 기체확산층의 실물 사진은 [그림 4-34]에 나타내었다.

(5) 분리판

분리판은 막전극접합체를 여러 장 적층하여 스택을 만들 때, 막전극접합체 사이에 끼우는 부품이다. 분리판은 막전극접합체 간의 전기적 연결을 해 주어야 하므로, 전도성이 있어야 하며, 양쪽으로는 수소와 공기가 흘러야 하므로 기체를 투과시키시 않아야 한다. 분리판과 기체확산층 사이에서 반응물인 수소와 공기가 잘 흐를 수 있도록 분리판에 도랑과 같은 홈을 파서 기체 통로를 만드는데 이를 유로라고 한다. 유로는 스택설계에 따라 다양하게 변화한다.

분리판은 내구성이 우수하여야 하므로 보통 흑연을 소재로 한다. 하지만 흑연은 가공이 어려워 가격이 높다. 스테인레스강과 같은 금속 소재는 아래 위에서 누르는 스탬핑(stamping)을 통해 손쉽게 유로의 가공이 가능한 장점이 있으며, 내부식성 코팅을 통해 내구성 확보도 가능하여, 자동차용 연료전지는 금속소재 분리판을 많이 채택하고 있다. 분리판의 실물 사진은 [그림 4-35]에 나타내었다.

(6) 개스킷

막전극접합체와 분리판을 그냥 적층하여 사용하면 사이의 틈을 통해 외부로 기체가 누출되며, 이를 막기 위해 우수한 내구성을 가지는 고무재질의 개스킷을 분리판과 막전극접합체 사이에 끼워서 사용한다. 개스킷의 실물 사진을 [그림 4-36]에 나타내었으며, 이러한 소재들을 이용하여 제작한 스택의 사진을 [그림 4-37]에 나타내었다.

연료전지 반응에서는 전기뿐만 아니라 열도 발생하므로, 이의 제거를 위해 스택에 공기(공냉식) 또는 물(수냉식)을 흘려서 냉각을 하게 된다. [그림 4-37]을 보면 위쪽에 전기를 뽑아내기 위한 단자가 있고, 외곽 부분에는 스택을 체결하기 위한 볼트가 있으며, 그 안쪽으로 세 개의 연결부위가 있는 것을 볼 수 있다. 이 연결부위는 각각 수소, 공기, 물을 흘리기 위한 통로이다.

[그림 4-36] 개스킷 설치 모습

[그림 4-37] 완성된 스택

단/원/정/리

1. 수소는 가장 가벼운 원소로서 무색무취이며, 조금의 에너지만 있어도 산소와 폭발적으로 반응하여 연소한다.
2. 수소의 제조방법에는 금속과 산의 반응, 개질반응, 물의 전기분해, 열화학법, 광촉매에 의한 물분해, 생물학적 방법 등이 있으며, 이 중 개질반응에 의한 수소생산이 가장 보편적으로 사용된다.
3. 수소의 공급 방법으로는 튜브 트레일러 운송과 파이프라인을 통한 이송이 있다.
4. 수소 저장기술에는 압축저장, 액화저장, 금속수소화물 저장, 수소화합물 저장 등이 있으며, 여러 가지 장단점을 고려할 때, 압축저장이 가장 보편적으로 사용된다.
5. 수소 충전소는 수소연료전지 자동차에 수소를 공급하며, 수소를 외부에서 공급받는 오프사이트 수소 충전소와 수소를 직접 생산하는 온사이트 수소 충전소가 있다.
6. 1839년에 영국의 그로브 경에 의해 최초의 연료전지가 발명되었다.
7. 연료전지는 화학에너지를 직접 전기에너지로 변화시키는 고효율 에너지 전환장치이다.
8. 연료전지는 수소와 산소의 전기화학반응에 의해 물이 생성되며, 이론전압은 1.23 V이다.

연료극반응: $H_2 \rightarrow 2H^+ + 2e^-$ $E^o=0.00V$

공기극반응: $1/2O_2 + 2H^+ + 2e^- \rightarrow H_2O$ $E^o=1.23V$

전체 반응: $H_2 + 1/2O_2 \rightarrow 2H_2O$ $E^o=1.23V$

9. 연료전지는 사용하는 전해질 및 연료의 종류에 따라 고분자전해질 연료전지(Polymer Electrolyte Membrane Fuel Cell, PEMFC), 직접메탄올 연료전지(Direct Methanol Fuel Cell, DMFC), 인산형 연료전지(Phosphoric Acid Fuel Cell, PAFC), 용융탄산염 연료전지(Molten Carbonate Fuel Cell, MCFC), 고체산화물 연료전지(Solid Oxide Fuel Cell, SOFC), 알칼리 연료전지(Alkaline Fuel Cell, AFC)로 구분된다.

10. 여러 가지 연료전지의 특성은 다음과 같다.

종류	PEMFC	PAFC	AFC	MCFC	SOFC	DMFC
작동온도 (℃)	〈 90	200 〈	60~250	600~800	700~1,000	〈 90
전극 촉매	Pt	Pt	Ni, Au	Ni, NiO	Ni, 란탄산화물	PtRu, Pt
효율 (%)	〈 40	40~45	~ 60	50 ~ 60	50~60	〈 40
전해질	고분자 전해질	액체 인산	액체 KOH/NaOH	용융 탄산염 (Na_2CO_3, K_2CO_3)	YSZ (8% Y_2O_3-ZrO_2)	고분자 전해질
전하 운반체	H^+	H^+	OH^-	CO_3^{2-}	O_2^-	H^+

11. 연료전지는 휴대용 전원(DMFC), 가정용 발전시스템(PEMFC, SOFC), 자동차용(PEMFC), 발전용 (MCFC, SOFC) 등으로 사용된다.

12. 고분자전해질 연료전지의 소재로는 고분자전해질막, 전극촉매, 막전극접합체, 기체확산층, 분리판, 개스킷 등이 있다.

CHAPTER 5

전력저장시스템과 스마트그리드

01 전력시스템과 전력저장시스템

전력시스템에서 전력저장시스템 활용의 가장 궁극적인 목적은, 대용량으로 저장이 불가능하다고 여겨졌던 전기에너지에 대하여 전력저장시스템을 이용하여 생산과 소비 시점을 이격시키는 데에 있다. 기존의 전력시스템은 전기에너지의 저장이 불가능하다는 전제하에 계통에서 필요로 하는 전력에 맞추어 생산하여야 하는 제약조건식(전력평형방정식: Power balance equation)을 가지고 있었는데, 전력시스템 운영자에게 있어 전력평형 제약 하에서의 계통 운전은 불필요한 비용을 발생시키거나 시스템 운영의 불안정성을 야기할 수 있는 주요 원인 중 하나이다.

전력시스템은 전체 계통의 부하 크기, 부하 변동율, 발전기 고장, 선로 사고 등 다양한 불확정성을 안고 운전될 수밖에 없는 시스템인데, 최근 온실가스 저감을 목적으로 다양한 형태의 신재생에너지원이 계통에 연계될 것이 예상되는 시점에서 기존에 고려하지 않아도 되었던 발전기에서의 불확정성을 추가적으로 고려하게 됨에 따라 시스템의 불안정성이 보다 증가하게 되었다. 이러한 불확정성의 증가에 대한 전력시스템에서의 대응은 크게 두 가지로 나눌 수 있는데, 시스템 전체를 감시하고 제어할 수 있는 광역감시시스템(WAMS: Wide Area Monitoring System, WACS: Wide Area Control System)의 활용과 대용량 에너지 저장장치의 활용을 고려하고 있다.

전력시스템에서 요구하는 전력저장기술은 가능한 많이 저장하고(큰 저장용량), 한 번에 많이 꺼내고 채울 수 있어야 하며(큰 순시출력) 다른 발전설비에 비해 응답이 빠르고(높은 속응성), 채우고 쓰는 과정에서 손실이 적으며(높은 효율), 하루 수 십 번의 충·방전에도 부담이 없고(긴 수명), 설치 및 유지·보수비용이 적은(높은 경제성) 특성을 요구한다. 그러나 모든 요구조건을 갖춘 전력저장시스템은 현재 개발되어 있지 않으며, 물리적 한계를 고려할 때 단기간 내에 개발되기 어려울 것으로 보인다. 따라서 전력저장시스템의 활용은 전력시스템에서 발생하는 특정한 현상을 해결하기에 특화된 장치를 선정하고 해당 장치의 저장용량과 순시용량을 산정하고 최적화된 제어 알고리즘을 구성하여 연계함으로써 기 개발된 전력저장장치의 기반의 솔루션을 제시하는 방향으로 이루어지고 있으며, 이를 가능하게 하기 위해서는 각 저장방식별 전력 저장시스템의 원리와 특성을 이해하여야 한다.

1. 전력저장시스템의 종류

많은 종류의 소용량 에너지 저장장치에 대한 연구가 진행되고 있고, 대표적인 저장장치의 형태로는 배터리(BESS), 초전도 자기 저장장치(SMES), 플라이휠(FES), 슈퍼커패시터(SCES)가 있다. 각 저장장치는 저장 원리에 따라 서로 다른 특성을 가지고 있기 때문에, 고유한 특성에 대한 이해를 바탕으로 활용목적에 따라 저장장치를 선택하여야 한다. 각 저장장치에 대한 개략적인 저장 원리와 특성은 아래와 같다.

(1) 배터리 에너지 저장장치(BESS: Battery Energy Storage System)

배터리는 매우 고전적인 형태의 에너지 저장장치이며, [그림 5-1]과 같이 전기 에너지를 분자 또는 원자를 이온화하는 반응을 통해 화학에너지로 직접 변환하여 저장하는 방식을 취하고 있다. 배터리는 전극과 전해질의 종류에 따라 납축전지(Lead-acid battery), NiCd 축전지(Nickel-Cadmium Battery), Ni-MH 배터리(Nickel-

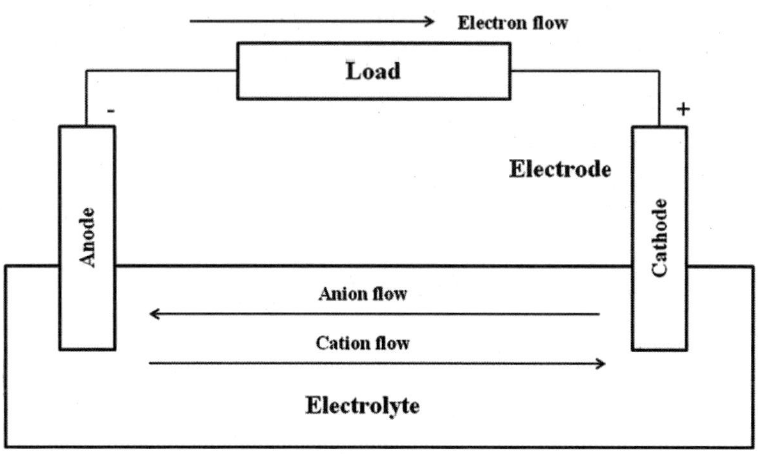

[그림 5-1] BESS의 저장원리

Metal hydride battery), 리튬이온 축전지(Lithium−ion battery), 리튬 폴리머 축전지(Lithium−Polymer battery), NaS 축전지(Sodium−Sulfur battery), Vanadium Redox flow battery, Zinc−Bromine flow battery 등으로 나누어진다.

배터리는 단가가 매우 낮다는 점과 각 저장 셀을 직렬 및 병렬로 배치하여 확장이 가능하기 때문에 넓은 범위의 순시용량 및 저장용량을 구현할 수 있는 장점이 있다. 그러나 완전충전−완전방전이 가능한 횟수가 수 백 번 정도이어서 수명이 짧고 유지보수 비용이 높은 단점이 있다.

(2) 초전도 자기에너지 저장장치(SMES: Superconducting Magnet Energy Storage)

초전도 자기 에너지 저장장치는 저항이 0인 초전도 코일에 전류를 흘림으로서 자기장의 형태로 에너지를 저장하는 저장장치이다. [그림 5−2]에 보이는 바와 같이, 인덕턴스가 L인 초전도 코일에 I의 전류를 유지하는 방식으로 전기에너지를 저장한다. 이 때 순환전류 I에 대한 손실을 최소화하기 위하여 인덕터를 구성하는 도선이 초전도 상태를 유지하도록 하는 냉각장치를 가지고 있는 것이 큰 특징이다.

$$E_{SMES} = \frac{1}{2}LI^2$$

여기서, L : 초전도 코일의 인덕턴스 [H]

I : 초전도 코일에 흐르는 전류 [A]

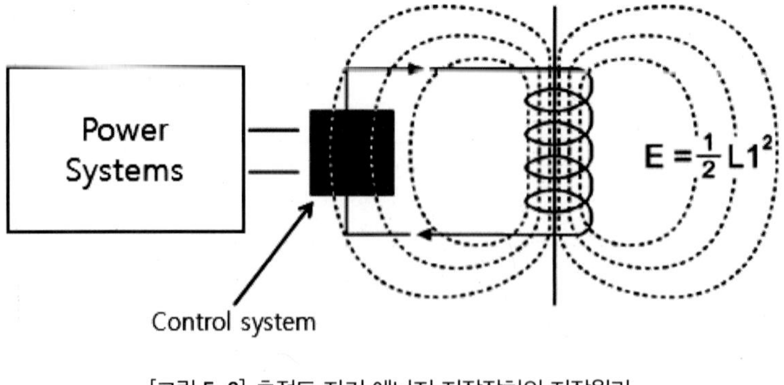

[그림 5−2] 초전도 자기 에너지 저장장치의 저장원리

초전도 자기 에너지 저장장치는 순시용량이 매우 높고, 응답이 매우 빠르며, 충·방전 속도가 매우 빠르다는 장점이 있다. 그러나 에너지 밀도가 낮고 단가가 매우 높으며 확장성이 낮은 단점이 있다.

(3) 플라이휠 에너지 저장장치 (FESS: Flywheel Energy Storage System)

플라이휠 에너지 저장장치는 [그림 5-3]에서 보는 바와 같이 MG(Motor/Generator)의 축에 연결되어 있는 회전체의 회전관성을 이용하여 회전관성에너지의 형태로 전기에너지를 저장하는 저장장치이다. 플라이휠에 저장되는 에너지는 다음과 같이 회전체의 회전질량과 회전각속도의 제곱에 비례한다.

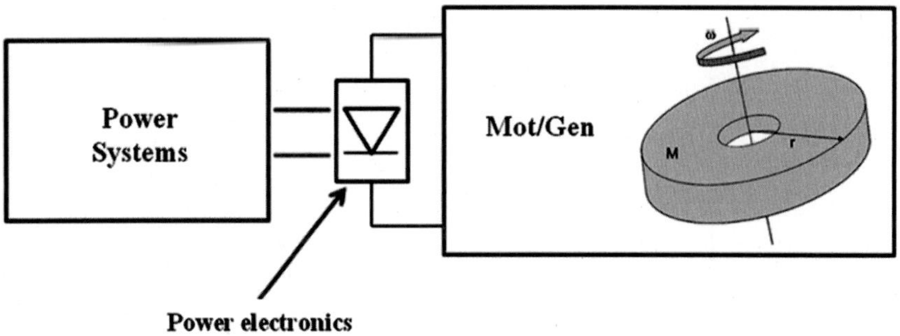

[그림 5-3] 플라이휠 에너지 저장장치의 저장원리

$$E_{FESS} = \frac{1}{2}Jw^2$$

여기서, J : 회전체의 회전질량 [kg·m²]

ω : 회전체의 회전 각속도 [rad/s]

플라이휠 에너지 저장장치는 순시용량 밀도가 높고 수명이 길며 응답이 빠르다는 장점이 있지만, 에너지 밀도가 낮고 대기전력 손실이 높다는 단점이 있다. 대기전력 손실을 줄이기 위해 초전도 베어링을 적용한 초전도 플라이휠에 대한 연구도 진행되고 있지만, 순시용량이 낮다는 점 등의 실용화를 위해 해결해야 할 문제점이 존재한다.

(4) 슈퍼커패시터 에너지 저장장치(SCES: Super-Capacitor Energy Storage)

슈퍼커패시터는 [그림 5-4]에 보이는 바와 같이 특정 유전체를 사용하여 정전용량을 극대화함으로서 양극판에 직류 전기의 형태로 에너지를 저장하는 저장장치이다. 극판의 면적, 극판 사이의 거리, 양극판에 걸리는 전압이 같다고 할 때, 비유전율이 높은 매질을 사용하면 저장할 수 있는 전기에너지의 양을 높이게 된다. 슈퍼커패시터는 순시용량이 높고, 수명이 길며, 응답이 빠른 장점이 있지만, 에너지 밀도가 낮고 단가가 높은 단점을 가지고 있다.

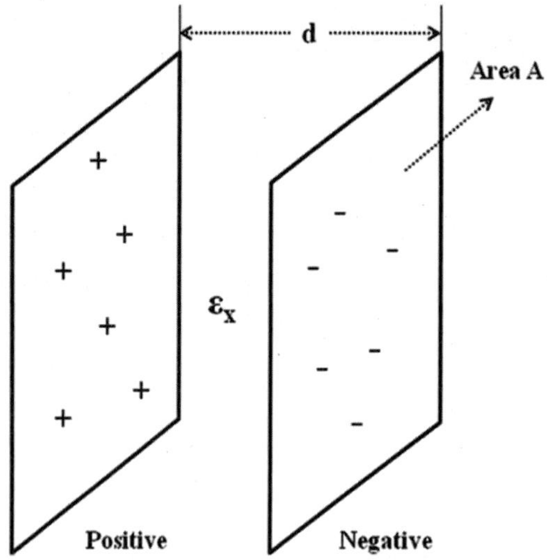

[그림 5-4] 슈퍼커패시터 저장원리

$$C = \varepsilon_0 \varepsilon_x \frac{A}{d}$$

$$E = \frac{1}{2}CV^2 = \frac{\varepsilon_0 \varepsilon_x A}{2d} V^2$$

여기서, ε_0 : 진공의 유전율 [F/m]

ε_x : 비유전율

A : 극판의 넓이 [m^2]

d : 양극판 사이의 간격 [m]

V : 양극판에 걸리는 전압 [V]

(5) 전기에너지 저장장치들의 특성 비교

전기에너지 저장장치를 활용함에 있어, 최고의 설치 효과를 나타내기 위해서는 저장장치를 필요로 하는 곳의 특정한 환경에 가장 잘 부합하는 저장장치를 선택하는 것이 가장 중요하다. 최적의 저장장치를 선정할 때에 고려해야할 몇 가지 사양이 있는데, 그것은 순시용량, 저장용량, 방전 지속시간, 응답속도, 수명, 효율, 비용, 용량밀도, 에너지밀도 등이다.

순시용량, 저장용량, 방전 지속시간, 응답속도는 전기적인 퍼포먼스를 보장하기 위한 고려 항목으로서, 일반적으로 용량이 크고, 더 긴 시간동안 공급이 가능하며, 응답속도가 빠를수록 더 좋은 저장장치라고 할 수 있다. [그림 5-5]와 [그림 5-6]은 전기적인 퍼포먼스를 확보하기 위한 각 저장장치의 특징을 나타낸 것이다.

수명, 저장효율, 초기 비용, 유지 보수비용은 저장장치의 경제성에 관련한 항목이다. 설치에 따른 경제적 효과에 비해 저장장치의 설치를 위한 비용이 더 높다면, 소비자의 관심을 끌 수가 없기 때문에, 이러한 사항은 설치 전에 필수적으로 고려되어야

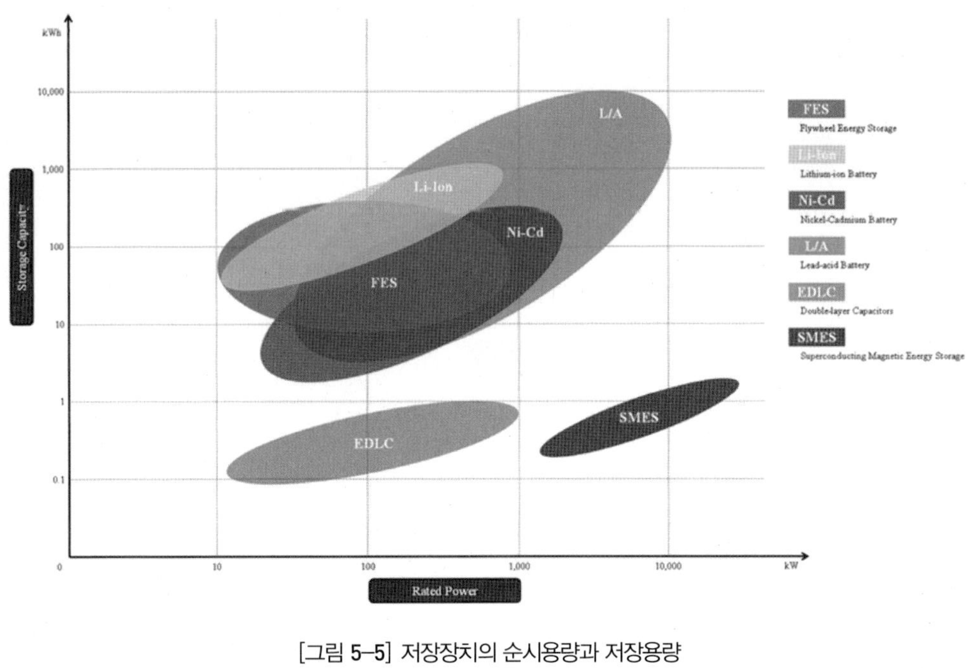

[그림 5-5] 저장장치의 순시용량과 저장용량

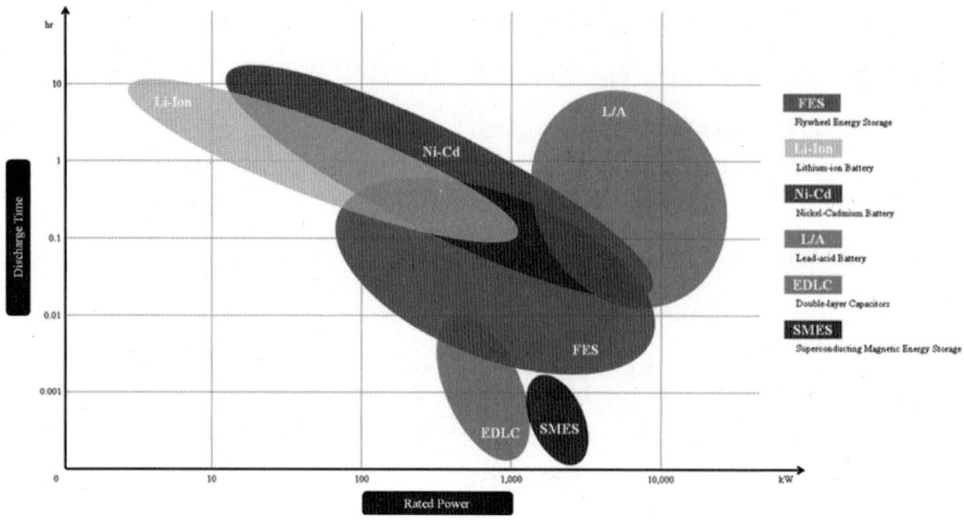

[그림 5-6] 저장장치의 순시용량과 방전지속시간

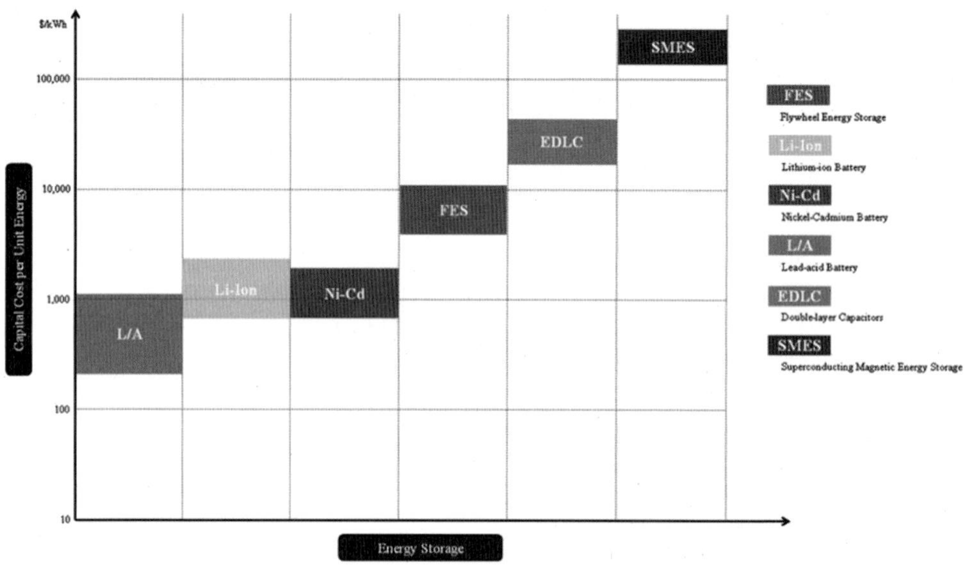

[그림 5-7] 저장장치의 초기 설치비용

한다. [그림 5-7]과 [그림 5-8]은 경제성에 관련한 항목들에 대한 각 저장장치의 특징을 나타낸 것이다.

용량밀도와 에너지밀도는 설치 공간에 관련한 항목이다. 만약 충분한 공간이 확

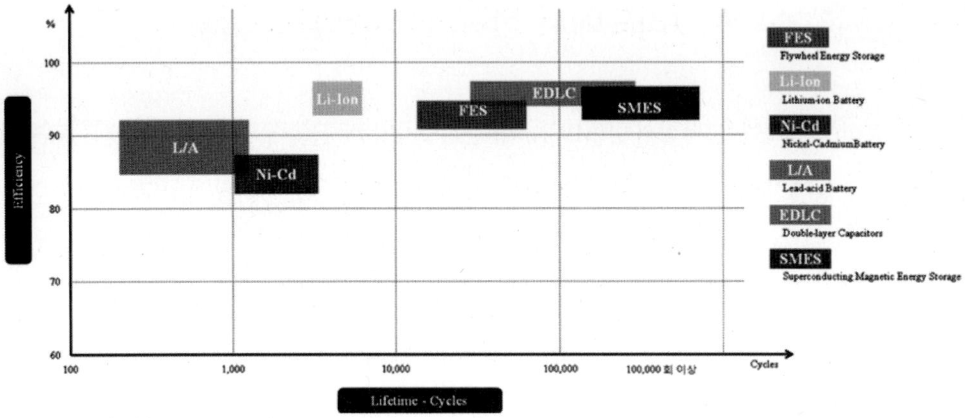

[그림 5-8] 저장장치의 수명과 저장효율

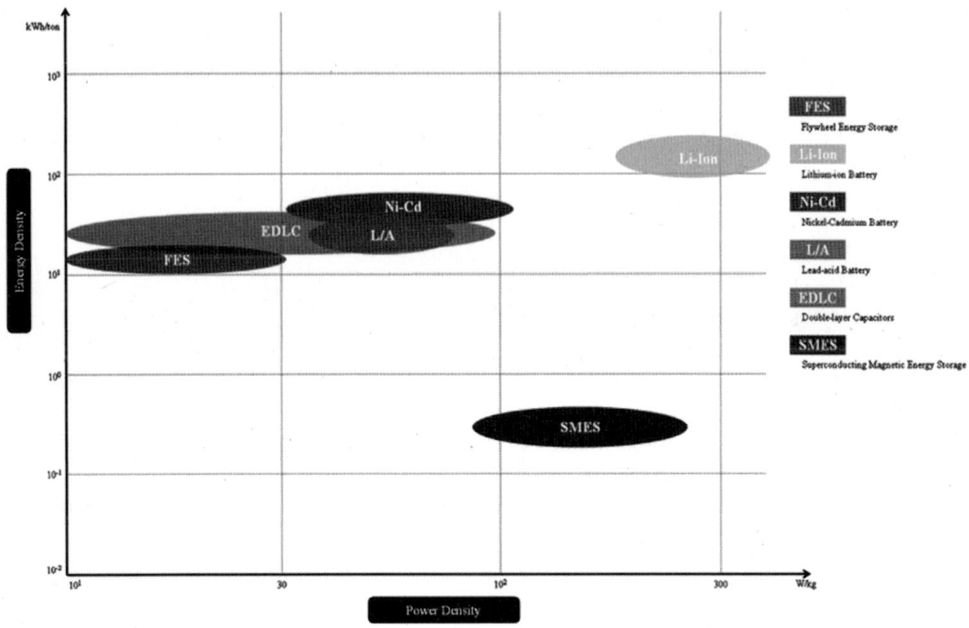

[그림 5-9] 저장장치의 용량밀도와 에너지밀도

보되어 있다면 상관이 없지만, 전기차와 같이 매우 작은 공간만이 확보된 경우에는 용량밀도와 에너지밀도가 높은 저장장치를 사용하는 것이 유리하기 때문에 반드시 고려해야할 요소가 된다. [그림 5-9]는 각 저장장치의 용량밀도와 에너지밀도를 나타낸 것이다.

02 스마트그리드에서 전력저장시스템의 활용

전력저장시스템은 저장용량(MWh)과 순시출력(MW)을 각각 임의로 설계할 수 있으며, 그 특성에 따라 다양한 활용 범위를 가지고 있다. 물론 각 형태의 저장시스템이 전력시스템에서 필요로 하는 모든 활용 범위를 책임지는 것은 아니지만, 각 저장장치의 기기적 특성 및 응동 특성에 기반한 활용 범위를 특징지을 수 있다.

〈표 5-1〉과 [그림 5-10]은 전력저장시스템의 활용을 고려할 때, 각 활용처별 요구 사양을 나타낸다. 전력시스템에서 요구하는 전력저장시스템의 활용처는 크게 발전단, 송·배전단, 부하단의 세 가지로 나눌 수 있다. 또한 각 분류 아래에서 특정한 활용 목적에 대한 순시용량(MW)과 방전 지속시간 즉, 저장용량(MWh), 그리고 연 평균 예상 동작 빈도를 기준으로 각 활용처에 맞는 전력저장시스템을 결정할 수 있는 기준을 제공한다. 〈표 5-1〉의 항목 이외에 에너지 저장장치의 응답속도, 효율, 충전속도

〈표 5-1〉 전력저장시스템 활용 방안별 요구 성능

	순시용량 (MW)	공급지속시간 (Hours)	전압 (kVac)	발생횟수
발전단				
회전예비력	10 ~ 100	0.5	12 ~ 138	20 ~ 50
주파수 조정	10	〈 1	12 ~ 138	250
부하조정	100	〉4	69 ~ 765	250
발전소 UPS	〈 0.1	4 ~ 8	480	〈 5
송전단 및 배전단				
송전선 안정도 개선	100	〈 0.01	69 ~ 765	120
전압 조정	1 MVar	〈 0.01	12 ~ 34.5	250
송전설비 투자지연 효과	10	2 ~ 4	12 ~ 138	5 ~ 20
배전설비 투자지연 효과	1	1 ~ 3	4 ~ 34.5	30
변전소 UPS	〈 0.1	8	48 ~ 120 Vdc	〈 5
부하단				
피크부하 저감	1	1 ~ 2	0.48 ~ 12	50 ~ 500
전력품질 및 신뢰도 개선(〈1MW)	0.1	〈 0.25	0.48	〈 10
순시전압강하	10~30	〈 1	0.38 ~ 22.9	〈 3

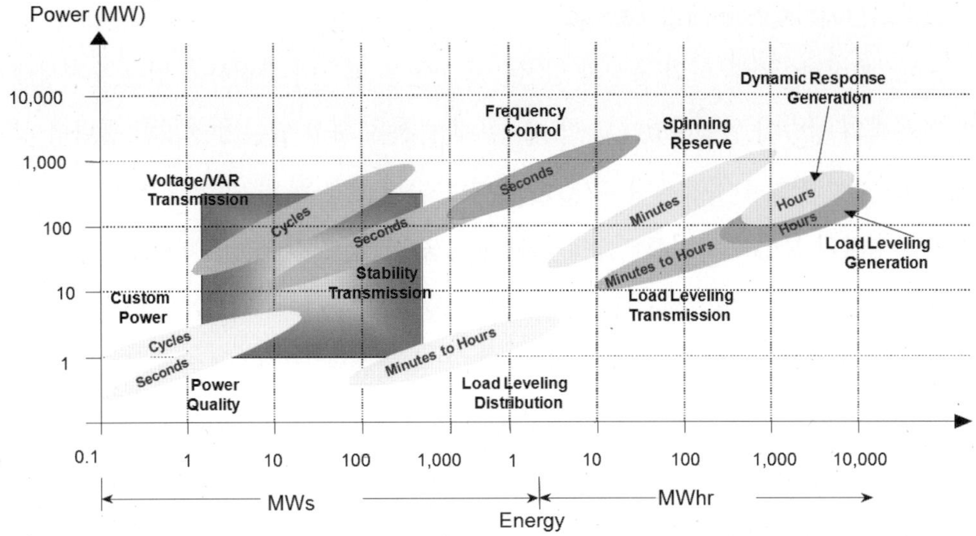

[그림 5-10] 에너지 저장장치 활용 위치별 요구 용량 및 저장용량

까지 고려되어야 하는 활용처가 있을 수 있으며, 종합적으로는 기기의 성능 및 동작 특성뿐만 아니라, 수명, 설치비용 및 유지 · 보수비용을 고려한 경제성 비교 검토도 포함하여 각 활용처에 맞는 최적의 전력저장시스템을 선정해야 한다.

1. 발전 레벨에서의 전력저장시스템 활용

발전단에서의 전력저장시스템의 활용은, 발전소용 UPS로의 활용을 제외하면 수십 MW 이상의 순시용량을 필요로 한다. 발전단에서 요구하는 '부하 조정', '회전예비력', '주파수 조정'은 순시출력과 저장용량이 허락하는 한 하나의 에너지 저장장치의 동작으로 모두 담당하도록 하는 것이 가능하다. 다시 말하면, 100 MW 순시출력에 400 MWh의 저장용량을 가진 저장장치를 사용한다면, 그것은 평상시에는 부하 조정을 위한 동작을 하고, 피크 부하 시에는 회전예비력을 위한 발전기로 동작을 하고, 급작스런 발전기의 탈락에 따른 계통의 급격한 주파수 변동이 발생했을 시에는 주파수 조정을 위한 발전원으로 동작하는 것이 가능하다는 의미이다.

(1) 회전예비력(Spinning reserve)

회전예비력이란 부하의 총량과 발전량이 평형을 맞추어 운전하고 있는 운전상태에서 부하의 상승이 발생하였다고 할 때, 현재 발전을 하고 있는 발전기의 출력을 상승시킴으로서 평형을 유지시킬 수 있는 출력 상승 여유분을 의미한다. 전력시스템은 계통 운영자의 부하예측 알고리즘에 의하여 다음 날 각 시간대별 부하량을 예측하고 예측된 부하 변동을 기반으로 가장 적은 발전비용으로 부하에 대응할 수 있는 발전기 운전 계획(스케줄링)을 수립하여 운전한다. 그러나 예측된 부하량은 실제 부하량과 어느 정도 차이가 있을 수밖에 없기 때문에 계통 운영자는 어느 정도의 오차를 감안하여 발전량을 증가시킬 수 있는 여유분의 확보가 가능하도록 발전기 운전 계획을 조정하는데, 이것은 예측값에 대하여 경제적으로 최적인 발전 계획에 비하여 발전비용이 높게 산정되는 운전계획일 수밖에 없다. 따라서 전력저장시스템의 활용은 최소비용의 발전기 운전계획으로 발전기를 운전하고 부족한 예비력에 대한 부분을 전력저장시스템이 담당하게 함으로써 보다 경제적인 발전기 운용이 가능하도록 하는 데에 그 목적이 있다.

(2) 주파수 조정(Frequency regulation)

주파수 조정은 앞에서 설명한 예비력과 비슷한 개념으로 이해할 수 있다. 국내의 전력시스템의 정격 주파수는 60 Hz로 설계되어 있는데, 이것은 부하량과 발전량이 정확히 같을 때 시스템의 주파수가 60 Hz로 운전한다는 것을 의미한다. 만약 예측된 부하량에 맞추어 운전하고 있는 상태에서 부하량의 크기가 예측값보다 큰 경우는 입력대비 출력이 커야 하는 상황이므로 시스템의 평형상태를 찾기 위하여 시스템 주파수는 60 Hz보다 낮게 되고, 반대의 경우는 높아지게 된다.

실제로 부하의 변동은 독립적으로 이루어지고, 이에 대한 감시/제어를 통해 발전기의 출력량 조절을 통해 주파수를 60±0.5 Hz 범위로 유지할 수 있도록 발전기 출력조절 시스템(AGC: Automatic Generation Control)을 사용하고 있는데, 이것은 수 초에 해당하는 반응시간을 가진다. 발전기의 제어에 비해 매우 빠른 응답속도를 나타내는 대용량의 전력저장시스템을 활용할 경우에는 즉각적인 주파수 조정이 가능하기 때문에 주파수 조정의 역할로 전력저장시스템의 활용이 주목을 받고 있다.

또한, 일반적인 발전시스템과는 다르게 태양광발전이나 풍력발전의 경우 출력의 인위적 조정이 어렵다는 단점으로 인하여 발전 불확정성을 갖는 발전원으로 분류되고 있는데, 이러한 발전원은 발전 계획을 수립함에 있어 예측 발전량과 실제 발전량의 차이로 인하여 시스템의 불확정성을 높이는 효과를 나타낸다. 이처럼 출력 제어가 불가능한 신재생에너지원을 사용하는 경우에는 발전 모선과 전력저장시스템을 병렬로 연계하여 예측 발전량과의 차이를 상쇄하도록 저장시스템이 충·방전 동작을 수행하도록 설치하면 신뢰성 높은 발전원으로서 활용이 가능하다.

(3) 부하 조정(Load leveling)

전력저장시스템의 부하 조정 기능은 발전 비용과 관계가 깊다. 일반적으로 발전기의 발전비용 함수는 2차 함수로 상정하여 고려하고 있는데 이것은 매 1 MW의 출력을 증가시키기 위하여 필요한 비용(한계발전비용, Marginal cost)이 증가한다는 것을 의미한다. 계통 운영자의 입장에서 이러한 한계발전비용 증가 특성은 하루 동안의 부하가 평균값에 가깝게 유지되는 것이 더 낮은 발전비용으로 같은 양의 전력량을 공급

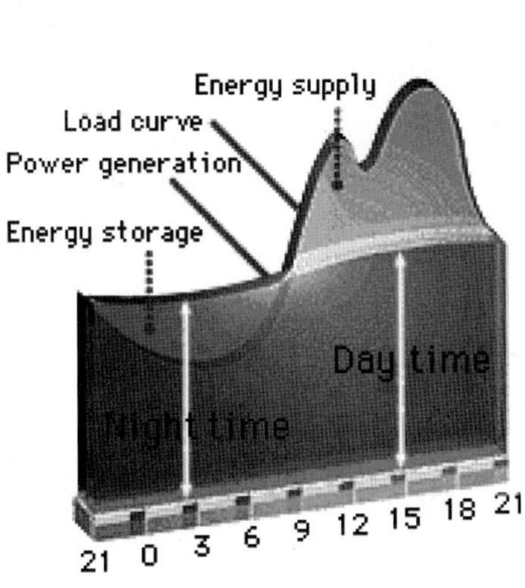

[그림 5-11] Load leveling

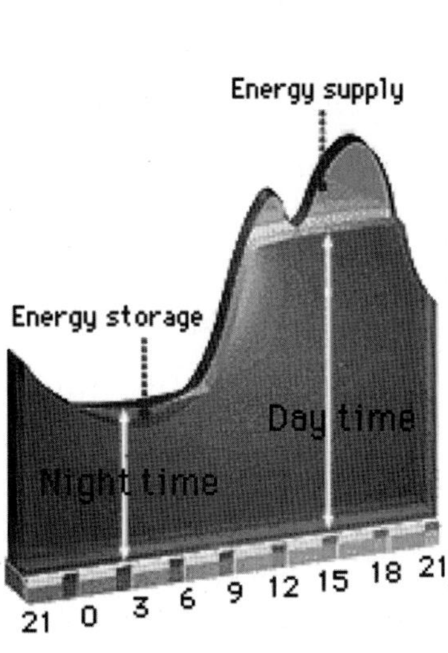

[그림 5-12] Peak shaving

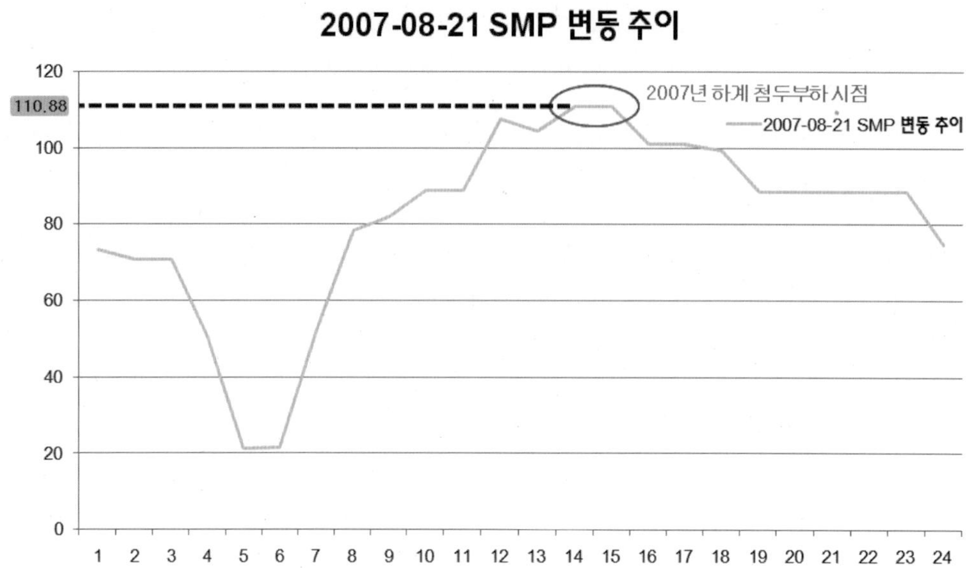

[그림 5-13] 2007년 하계 첨두부하가 나타나는 날의 SMP 변동 추이

할 수 있음을 의미한다. 또한 발전기의 출력변동 범위를 좁히는 동작은 발전기의 기계적 스트레스를 줄여 발전기의 기대 수명을 보다 길게 가져갈 수 있다는 점도 또한 경제적 효과에 포함될 수 있다.

발전단에서 전력저장시스템의 궁극적인 활용 목적은 'load leveling'에 초점이 맞추어져 있다. 기저부하는 발전단가가 싼 원자력 발전이 담당하고 있지만, 여전히 화석연료에 의한 발전이 부하의 변화를 담당하고 있는 실정이며, 또한 uniform pricing 방식 채택의 전력시장체제 아래에서는 부하량에 따라 kWh당 가격이 달라지기 때문에, 전체 계통의 운영비용을 고려할 때, [그림 5-11]와 같이 전체 발전량을 가능한 일정하게 운영하는 것이 발전비용 측면에서 경제적이다.

에너지 저장장치의 설치비용 및 유지 보수비용을 고려할 때, [그림 5-11]과 같이 평균부하에 대한 잉여 또는 부족 전력 전부를 저장 및 공급하는 전력저장시스템의 설치는 현실적으로 불가능하다. 따라서 전체 부하량을 평균값으로 유지하는 용량은 아니더라도 [그림 5-12]와 같이 전력의 가격이 특정하게 높은 지점에 대한 공급과 해당 공급량을 저장할 수 있는 전력가격이 낮은 지점에서의 저장 동작은 각 전력의 시장

가격 차이만큼의 경제적 효과를 기대할 수 있다. 이러한 동작을 'peak shaving 동작'이라 칭하며 현재의 기술 수준에서 전력저장시스템에 기대하는 가장 큰 효과 중 하나이다.

[그림 5-13]은 실제 2007년 한전계통의 하계 첨두부하 시의 전력시장가격의 변동을 나타낸 것이다. 2007년 첨두부하 시 110.88원의 전력가격을 나타내고 있는데, 05~06시의 두 시간 동안 잉여 발전력을 가동하여 에너지를 저장하고, 14~15시의 두 시간의 첨두부하 시에 공급하는 peak shaving이 이루어진다면, 계통한계가격(SMP, System Marginal Price)를 낮춤으로서 총 발전비용을 절감하는 효과를 기대할 수 있음을 알 수 있다.

(4) 발전소 UPS

전력저장시스템의 발전소 UPS로의 활용은, 발전소 내부 설비 중 전기를 에너지원으로 하는 설비에 대하여 무정전 상태를 보장하기 위한 장치로서의 활용을 의미한다. 발전기 제어 장치, 감시 장치, 측정 장치 등 많은 발전소 설비가 전기부하로 볼 수 있기 때문에, 대정전으로 인하여 발전소 내부 설비까지 정전되는 사태를 방지하기 위하여 전력저장시스템을 활용할 수도 있다.

2. 송전 및 배전 레벨에서의 저장장치 활용

(1) 송전선 안정도 개선

전력시스템에서 송전선은 전력조류의 전달 경로라고 볼 수 있는데, 각 송전선은 전달할 수 있는 전력조류의 상한선을 가지고 있다. 전력계통은 안정적이고 신뢰성이 있는 전력공급을 목적으로 하고 있기 때문에 계통에 발생할 수 있는 상정사고(지락사고, 단락사고)에 대한 발전기의 안정적 동작을 확보하기 위한 다양한 보호장치를 가지고 있다. 그러나 발전기의 안정성이 확보된다고 하더라도 경우에 따라 발생한 상정사고에 대하여 특정 송전선에 전력조류가 몰려 송전선의 탈락이 발생한다면 이것은 연속적인 구성 요소의 탈락으로 인한 대규모 정전을 유발할 수 있다.

송전선 탈락이 예상되는 사고에 대하여 탈락 송전선의 조류 방향으로 송전단 위치에 전력저장시스템을 설치하는 경우, 과조류에 의한 송전선 탈락을 예방할 수 있고 이로 인한 대규모 정전을 방지하기 위한 목적으로 전력저장시스템을 적용함으로써 송전 전력망의 안정도를 크게 개선할 수 있다.

(2) 전압조정

전력저장시스템과 전력계통을 연계하는 전력변환장치(인버터)를 설계함에 있어 유효전력뿐만 아니라 무효전력을 공급할 수 있도록 하는 제어기를 포함하는 경우, 계통 내에서 발생하는 저전압 현상에 대하여 무효전력을 적절하게 공급함으로써 이를 해결할 수 있다. 일반적으로 저전압 현상은 무효전력의 공급을 통해 정상전압으로 회복시킬 수 있는데, 기존의 무효전력 보상장치는 FACTS(Flexible AC Transmission System) 설비를 고려함으로써 해결할 수 있었는데, FACTS 설비는 무효전력만 공급할 수 있도록 설계되어 있어 유효전력의 저장 및 공급 기능을 기본 동작으로 가지는 전력저장시스템에 비해 낮은 활용도를 가질 수밖에 없다. 현재의 기술 수준에서는 동일 무효전력 공급용량을 가지는 전력저장시스템의 가격이 훨씬 높아 크게 설치를 고려하고 있지 않지만, 향후 FACTS 설비를 대체할 수 있을 것으로 예상된다.

(3) 투자지연 효과

전력시스템을 구성하는 송전선 또는 발전기와 같은 기본 설비들은 부하의 증가에 대한 예측치를 기반으로 10여 년 전부터 계획하고 착공부터 완공까지 수년의 시간이 걸리는 설비들이 대부분이다. 또한 설비의 확장이 어려워 충분히 큰 용량으로 과설계하여 설치하는 경향이 있는데, 전력저장시스템은 이러한 설비의 확장에 대한 고려를 지연시키는 효과를 유발할 수 있다.

앞에서 설명된 Load leveling 또는 Peak shaving의 부하 제어 효과는 발전기의 추가 건설을 지연시킬 수 있다. 늘어나는 부하에 대한 발전력의 증가뿐만 아니라 그에 비례하는 예비력을 확보해야 하는 계통 운영자의 입장에서 충분한 발전력 및 예비력을 확보할 수 있기 때문에 이로 인한 투자 지연과 지연에 따른 이자 수익, 국가 예산의 유연한 활용 등을 구현할 수 있다.

(4) 변전소 UPS

전력저장시스템의 변전소 UPS로의 활용은, 발전소 UPS로의 활용과 같은 개념으로, 정전에 따른 변전소 자동화 설비의 부동작을 예방하기 위한 활용 방안이다. 정전으로 인한 변전소 설비의 가동 중단은 보다 큰 정전 구간을 발생시키거나 정전 후 복구 시간이 길어질 수밖에 없도록 만들기 때문에 변전소 설비의 가동 연속성 보장의 차원에서 전력망의 전원과 독립적으로 운전하는 예비전원이 필요하며, 이러한 예비전원은 전력저장시스템을 이용하여 구현이 가능하다.

3. 부하레벨에서의 저장장치 활용

(1) 피크부하 저감

부하단에서 에너지 저장장치 활용 중 하나로 '발전 레벨에서의 활용'에서 언급된 peak saving과 같은 맥락인 'Demand peak reduction'이 있다. 이는 최저부하 시에 에너지를 저장하고, 첨두부하 시에 공급함으로써 보다 경제적인 에너지 운용을 하는데 그 목적이 있다. 또한, 분산형 전원의 보급에 기반하여 심야에 생산된 전력, 대표적으로는 심야에 발전량이 더 많은 풍력발전에 의해 생산된 에너지를 저장하고 주간에 활용하도록 하는 방안도 예상할 수 있다.

(2) 전력품질 및 순시전압강하 보상

부하단에서의 에너지 저장장치 활용은 에너지 운용보다는 동특성이 뛰어나다는 점을 이용한 전력품질 유지에 더 초점을 맞추고 있다. 대표적으로 순시전압강하에 의한 민감부하(반도체 공장 등)에의 신뢰성 확보에 관한 많은 연구가 진행되고 있다. 전

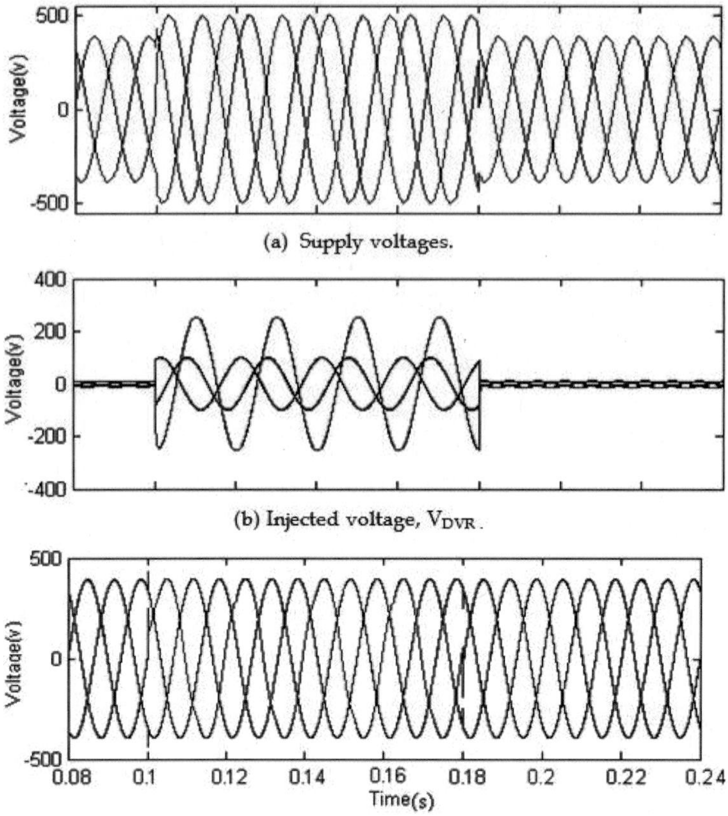

(a) Supply voltages.

(b) Injected voltage, V_{DVR}.

(c) Lad voltage, V_L.

[그림 5-14] 고속플라이휠을 이용한 순시전압강하 보상

력품질 유지에 목적을 둘 때, 가장 주안점을 두는 것은 순시출력과 속응성, 그리고 제어의 정확성이다. 최소 사이클 단위에서 수 초 정도의 공급이 필요하기 때문에, 공급 지속시간, 즉 저장용량에는 큰 관심이 없다. 또한 순시전압강하와 같은 현상은 자주 발생하지 않기 때문에, 수명(충 · 방전 횟수)보다는 저장효율이 높은 에너지 저장장치를 사용하는 것이 유리하다. [그림 5-14]는 순시전압강하 보상의 결과를 인용한 것이다. 그림에서 볼 수 있듯이, 고속플라이휠의 경우, 용량뿐만 아니라 속응성 측면에서 매우 뛰어나기 때문에, 전압강하로부터 부하를 완벽히 보호할 수 있음을 알 수 있다. 비슷한 측면에서, SMES, power battery, super-capacitor 등 다양한 에너지 저장장치를 이용한 연구가 활발히 진행되고 있다.

03 전력저장시스템 실적용 사례

1. 플라이휠 에너지 저장장치 – 독일 전기철도시스템

PILLER사에서 제안하는 플라이휠 에너지 저장장치 모델은 [그림 5–15], [그림 5–16]과 같은 형태로 전기철도 시스템에 연계된다. 독일 전기철도시스템에 적용된 플라이휠 에너지 저장장치는 철도차량의 제동에 따른 회생전력을 저장하였다가, 차량의 기동 시에 사용하려는 목적으로 설계 · 설치되었다.

실제 PILLER사에서 제작하여 운전 중인 플라이휠의 외관은 [그림 5–17(a)]과 같고, 단면도를 [그림 5–17(b)]에 제시하여 각 부의 명칭 및 구조를 나타내었다.

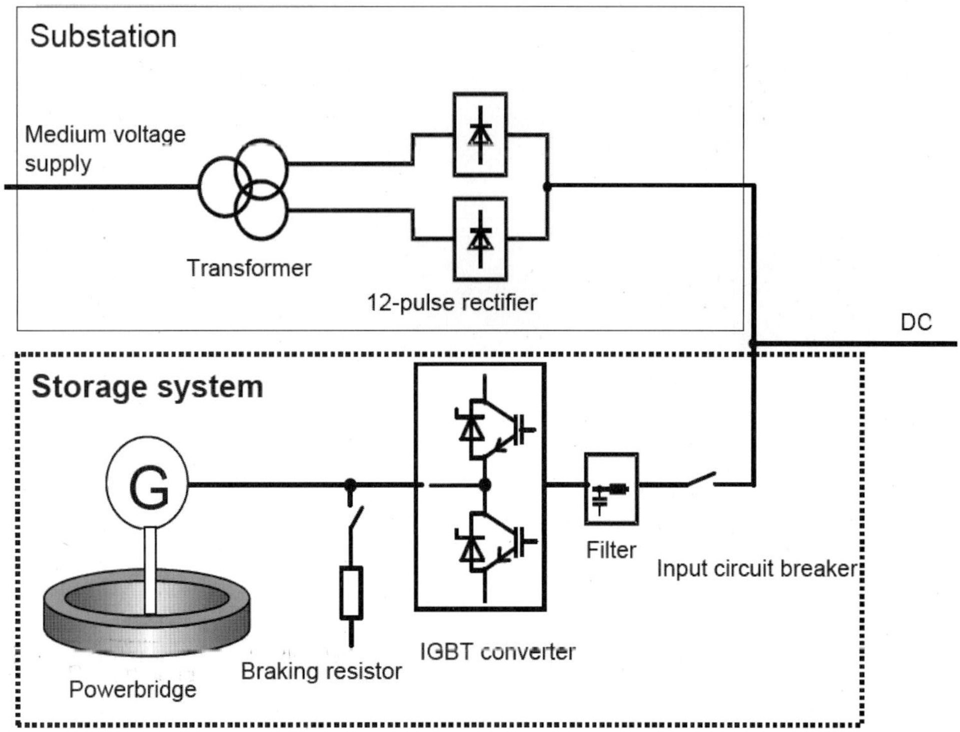

[그림 5–15] 플라이휠의 철도계통에의 연계도

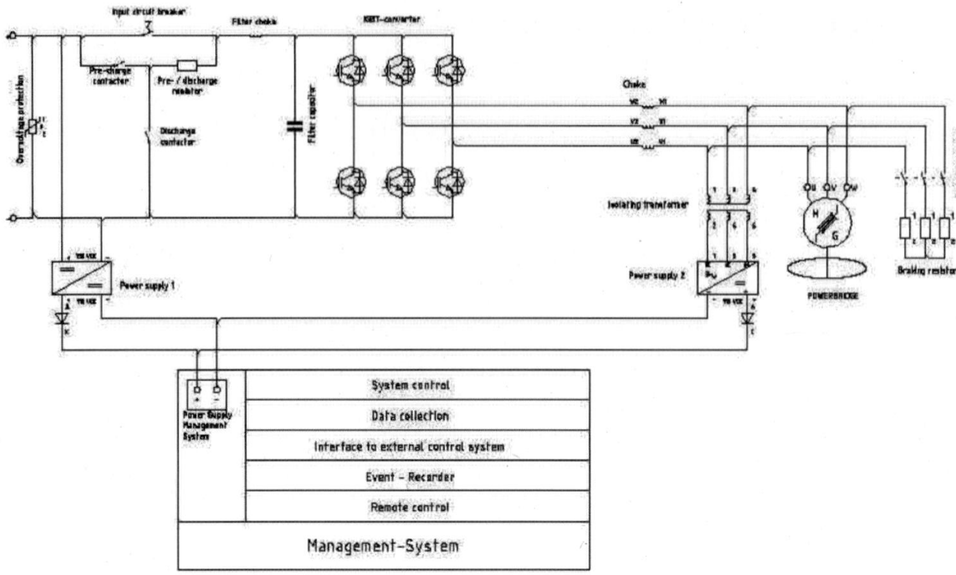

[그림 5-16] 플라이휠의 철도계통에의 연계 회로도

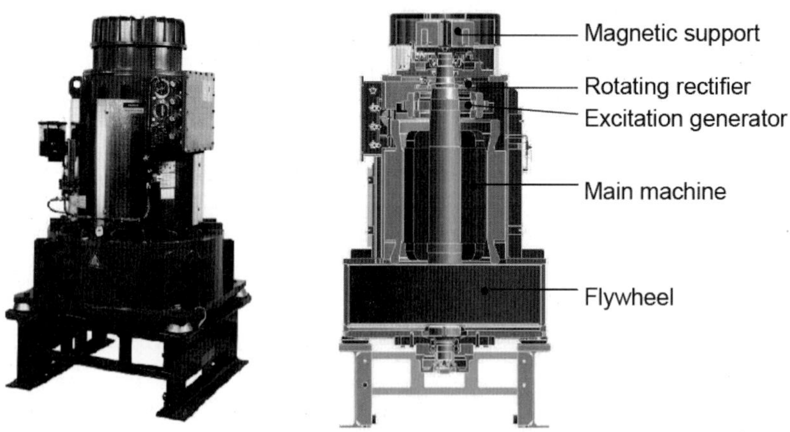

[그림 5-17] 플라이휠 제품의 외형 및 단면도

(1) 동작

전기철도 시스템에 연계된 플라이휠 시스템은 [그림 5-18]과 같은 동작을 나타내도록 설계되어 있다. 전기철도차량은 구동을 위하여 내부에 유도전동기가 설치되어 있는데, 이것은 기동 시 또는 정격 속도를 유지할 때에는 큰 전력을 소비하지만, 정차

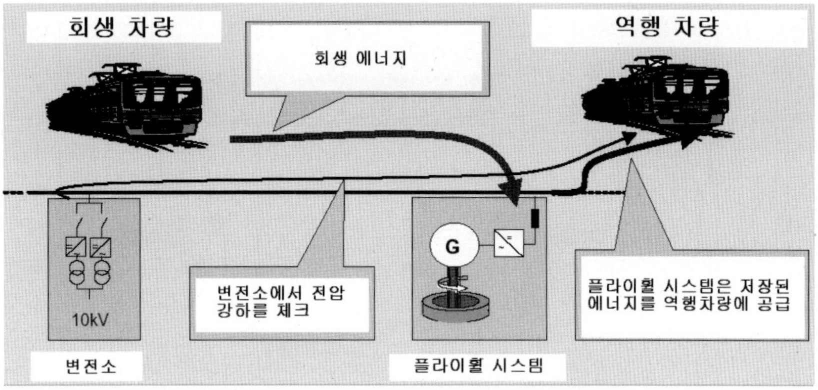

[그림 5-18] 전기철도 시스템에서의 플라이휠 동작

를 위하여 제동할 때에는 오히려 전력을 발생시킨다.

기존 전기철도 시스템에서, 차량의 제동에 의해 발생되는 전력은 사용되지 못하고 저항기에 의하여 태워서 버려지고 있다. 그러나 에너지 효율을 높일 필요성이 대두됨에 따라, 회생전력을 양질의 전력으로 변환하여 상위 일반 전력계통으로 되돌리려는 연구가 진행되었지만, 일반 전력계통에서 요구하는 전력품질의 수준을 맞추도록 하기 위하여 필요한 설비의 설치비용이 상당할 뿐 아니라, 오히려 계통의 안정적 운전에 악영향을 줄 수 있다는 평가에 따라, 자체적으로 소비하려는 방안을 고려하게 되었다.

플라이휠 기술은, 이러한 상황에 처해있는 전기철도 시스템에 가장 적합한 기술로 평가되었으며, 이에 [그림 5-18]과 같은 형태로 에너지를 저장 · 방출함으로서 연간 400 MWh의 전력소비를 경감시킬 수 있게 되었다. 또한, 에너지의 절약뿐만 아니라 전기철도 급전선에서의 전압 변동을 줄임으로서 보다 안정적인 전력공급이 가능하게 하였다.

(2) 적용 효과

[그림 5-19]는 플라이휠이 없을 때, 전차선 전압을 나타낸다. 차량이 운전 모드에 따라 전차선에서의 전압 변화가 심하며, 특히 500 V 이하로 낮아지는 부분에 있어서 낮은 전압으로 인하여 차량 또는 전체 전기철도 시스템에 악영향을 끼칠 수 도 있다.

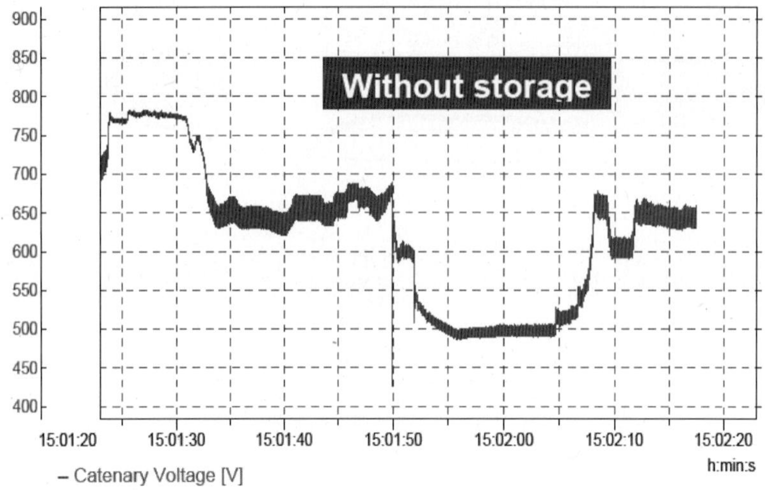

Fig. 1: Catenary voltage without store

[그림 5-19] 플라이휠 설치 전 전기철도 시스템 전차선 전압

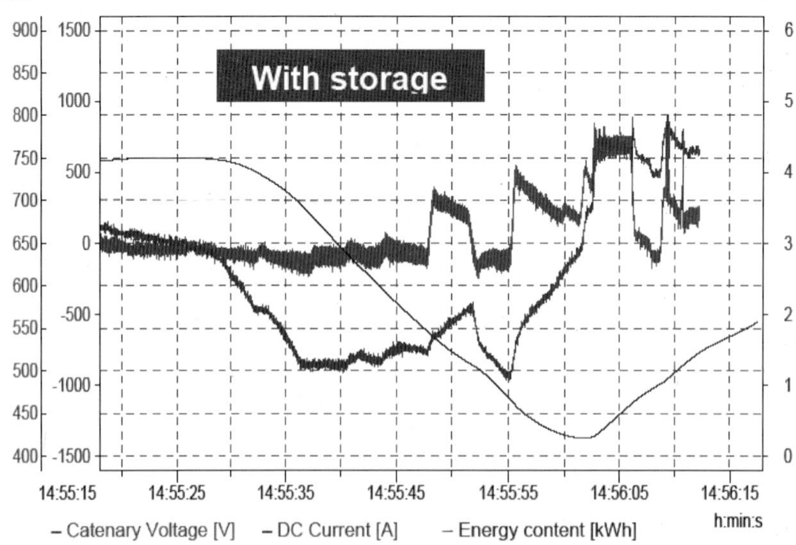

Fig. 2: Storage in operation: Catenary voltage, DC current and energy content

[그림 5-20] 플라이휠 설치 후 전차선 전압, 부하 전류, 그리고 에너지 변화

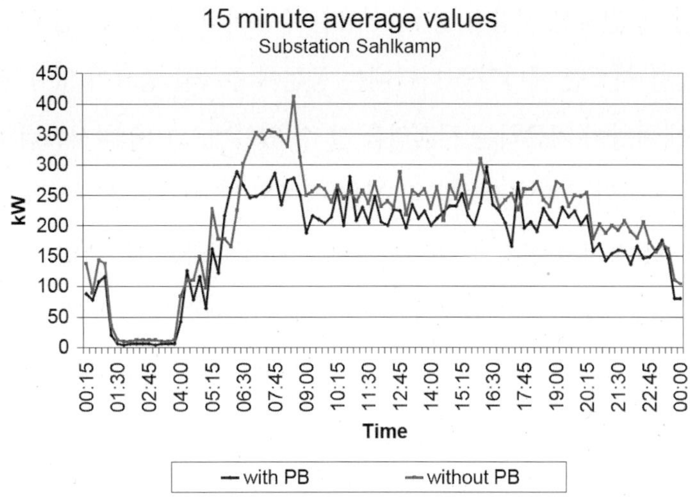

[그림 5-21] 저장장치 유 · 무에 따른 소비전력 비교

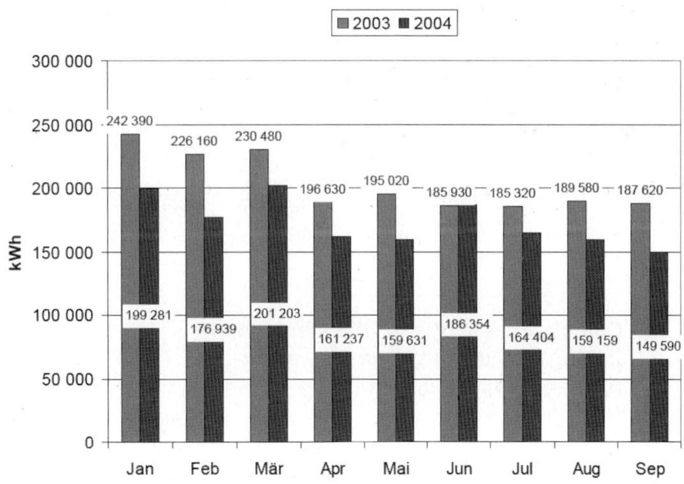

[그림 2-22] 저장장치의 사용에 따른 에너지 절약

국내의 1,500 V 전기철도 시스템의 경우, 1,100 V 이하로 전압이 내려갈 시에 문제가 발생하는 것으로 규정하고 있다.

[그림 5-20]은 전기철도 시스템에 에너지 저장장치가 설치되었을 때에, 전차선 전압, 부하 전류, 그리고 철도시스템 운전에 필요한 에너지를 그린 것이다. [그림

5-19]와 비교할 때 전차선 전압의 경우, 심각한 수준까지 낮아지는 현상이 없음을 알 수 있다. 무엇보다 시스템 에너지를 나타내는 곡선에 주목할 필요가 있다. 부하전류가 0보다 큰 부분이 차량이 기동하는 시점임을 알 수 있는데, 그 때의 시스템의 소비전력은 오히려 측정 초기의 운전시점보다 더 적은 전력을 필요로 한다는 것을 볼 수 있다. 이것은 에너지 저장장치의 설치 목적이자 가장 큰 장점이라고 할 수 있다.

[그림 5-21]은 플라이휠의 설치 전 · 후에 따른 소비전력을 비교한 것이다. 전반적으로, 저장장치가 설치되어 있는 전기철도 시스템에서의 전력 소비가 더 적다는 것을 알 수 있다. 특히, 기동하는 시점과 기동 직후의 소비전력은 저장장치가 없는 경우보다 훨씬 적은 전력의 소비가 있음을 알 수 있고, 최대와 최소 전력의 차이가 줄어들었음을 확인할 수 있다.

[그림 5-22]는 플라이휠의 설치에 따른 에너지 소비감소를 나타낸 것이다. 그림의 두 막대는 2003년과 2004년의 같은 시기에서의 소비전력량을 나타낸다. 이 그림에서 주목할 점은, 하나의 저장장치에 대한 효과라는 것이다. 하나의 저장장치를 설치 · 운영함으로써 얻게 되는 에너지 절약정도는 상당히 크다는 것을 알 수 있다.

6월의 경우에는 저장장치의 설치 유 · 무에 관계없이 2003년과 2004년에서 같은

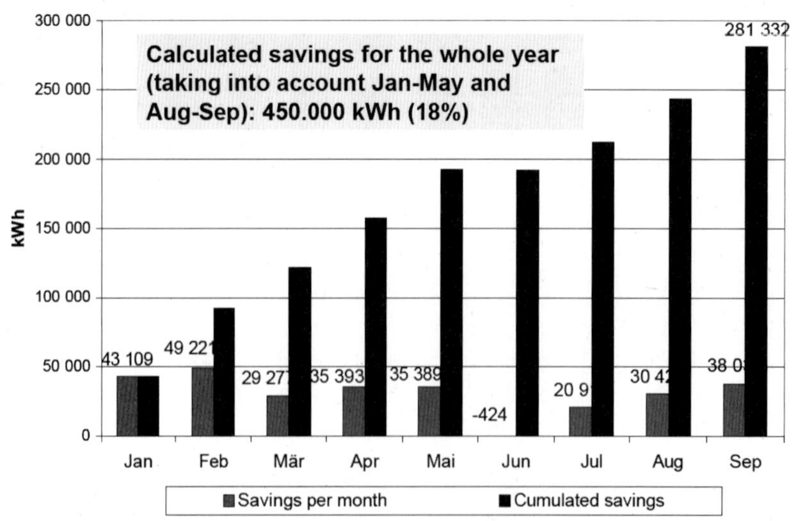

[그림 5-23] 소비 에너지 절약에 대한 누적분포도

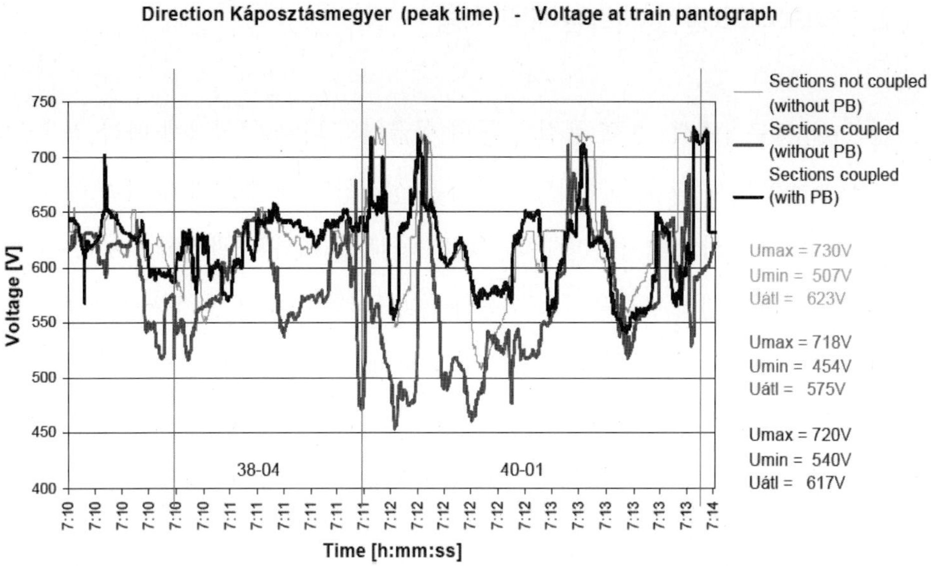

[그림 5-24] 전압 안정화 모드로의 동작에 따른 전차선 전압 변화

소비전력량을 나타내는 것을 볼 수 있는데, 이것은 측정 당시 6월에는 저장장치를 사용하지 않았기 때문이다.

[그림 5-23]은 소비전력 절약에 대한 누적분포도를 나타낸다. 한 기의 저장장치 설치로 얻을 수 있는 연간 전력소비 절약량은 약 280 MWh로서 상당히 크다.

플라이휠 에너지 저장장치는 에너지 소비 효율 증대 뿐 만 아니라, 계통의 전압을 안정화시키는 효과도 발생시킨다. [그림 5-24]는 전압 안정화 모드로 동작하는 플라이휠 시스템에 의한 전차선 전압을 실측한 결과이다. 다른 두 경우에 비하여 전압의 변동이 작고, 무엇보다 최저 전압이 540 V로서 철도시스템에서의 하한전압에 대한 마진이 상당히 크다는 것을 알 수 있다. 가선전압의 변동성 억제 효과는 가선에 연계하여 동작하는 전기장치가 받는 전기적 스트레스를 줄여 기기의 수명을 더 길게 확보하고 동작의 신뢰성을 보장받을 수 있기 때문에, 소비 에너지 저감 효과만큼이나 중요하게 생각되는 동작이다.

2. 하이브리드 발전 시스템에의 적용

많은 응용 분야에서, 전력 품질은 동력 공급원의 다양한 성격에 따라 좌우된다. 예를 들어, 풍력 및 수력 하이브리드 시스템은 성격상 전력 변화가 심하며 이에 따라 시스템 동작의 효율성도 영향을 받는다. 동력 공급원을 제대로 관리하지 못하면, 에너지가 낭비되고 시스템이 비효율적으로 동작한다. 풍력 및 수력 발전 시스템에서 이러한 문제는 특히 터빈이 취약한 그리드(전력망의 말단, 섬 지역의 그리드 또는 지방의 전력망)나 풍력–디젤 시스템 또는 수력–디젤 시스템에 연결되어 있을 때 발생한다. 디젤터빈이 효율적인 발전 구간에서 동작하지 못함으로 인해 디젤 연료의 소비가 증가하고, 또한 디젤 발전기의 유지 · 보수비용이 증가한다.

UPT KESS를 이용하여 출력이 변동하는 발전원에 대한 주파수 제어를 함으로써 보다 안정적인 전력공급이 되도록 하는 사례를 설명하고자 한다. 여기서 UPT KESS는 Ureno Power Technology사에서 시판하고 있는 플라이휠 에너지 저장장치 제품이다.

(1) 폴로레스 섬–아조레스 제도

250 kW UPT sc Power Conditioning System을 사용하여 운영비를 절감하고 동력공급원의 품질을 개선할 수 있는지 알아보기 위하여, UPT는 EDA(Electricidade Dos Acores)와 공동으로 플로레스 섬에 하이브리드 발전시스템을 구축하여 사례를 연구하였다.

폴로레스 섬에는 디젤 발전기, 수력 발전기 및 풍력 터빈을 포함하여 여러 전력 공급원이 섬 내에 부하에 전력 공급을 담당하고 있는데, 이 시스템은 총 연장 58.71 km에 달하는 주 공급 라인을 통해 인구 4,000여 명이 거주하는 4 개의 지역에 전력을 공급한다.

소규모 네트워크에서는 불가피하게 전기적 관성이 낮고, 특히 동력 공급원이나 부하가 예측 가능하지 않은 경우, 변화에 즉시 반응할 수 없기 때문에 주파수 제어가 매우 중요하다. 이러한 문제를 극복하기 위해, 발전 시설에서는 상대적으로 주파수 반

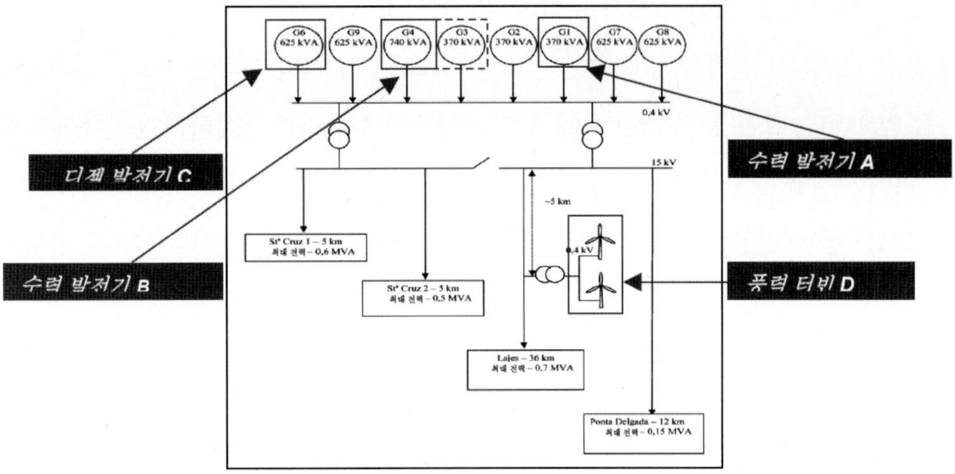

[그림 5-25] 플로레스 섬 발전 시스템의 구성

응이 빠른 디젤 발전기의 특성을 사용하여 안정성을 유지하는 경우가 많다. 이는 디젤 발전기가 받는 부하가 크다는 것을 의미하며, 달리 말해 유지 · 보수 요건이 증가하고 제품의 수명이 단축된다는 것을 의미한다.

부하 분산형 시스템은 발전 시설에서 전압 및 주파수를 규정된 한계치의 범위로 유지하는 것이 중요할 뿐 만 아니라, 발전소의 운영비 및 전기 요금을 예측 가능하며 적절한 수준으로 유지하는 것도 중요하다. 섬 지역이나 원격지, 또는 출입이 힘든 지역에서 전력 기술자는 연료와 유지 · 보수비용이 매우 높기 때문에 곤란을 겪기도 한다.

발전 시스템에서 흔히 보듯이, 플로레스 섬 발전 시설도 원래 디젤 발전기를 중심으로 구성되었으며, 나중에 수력 발전과 풍력 발전 시스템이 추가되었다. 플로레스 섬의 발전 시스템은 [그림 5-25]와 같다.

현재 시스템은 정상 동작 조건에서 다음과 같이 구성되었다.

1. 과도 부하 편차는 일차적으로 디젤 발전기 C에 의해 지원되며, 수력 발전기 A에 의해 백업된다.
2. 일정한 상태의 부하가 풍력 터빈 D와 수력 발전기 B에 의해 공급된다.

시스템의 다른 디젤 발전기는 원래 대기용으로 사용되며, 부하 조건이 과도하거나 유지 · 보수 시 전력을 공급한다. 이러한 시스템에서 그리드의 안정성과 최적의 성능을 얻으려면, 모든 동작 조건 하에서 다양한 동력 공급원을 세심하게 분산하여야 한다. 이러한 점을 감안하여 고부하, 일반부하, 저부하 조건에 대한 조사가 수행되었다. 이 조사를 통해 일정한 부하 상태에서도 수력 발전기와 풍력 발전기의 과도한 용량에 의해 전달되고 흡수되는 것으로 조사되었다.

〈표 5-2〉 발전기와 정격 용량

전력 공급원	정격 kVA
수력 발전기 A	375
수력 발전기 B	740
디젤 발전기 C	625
풍력 발전기 D	700
총 kVA	2,440

(2) 플라이휠 전력저장시스템 설치 전 · 후의 전력소비

[그림 5-26]과 [그림 5-27]은 플라이휠 전력저장시스템의 설치 전후에 대한 각 발전기의 발전 비중을 측정한 결과이다. 설치 전후에 대한 비교를 통해 풍력 발전이 증가하면서 디젤 발전량의 감소가 가능하고, 이에 따라 디젤 연료 비용의 절감이 실현이 가능하다는 결론을 얻을 수 있다.

[그림 5-26]과 [그림 5-27]의 결과는 다음과 같은 가정을 통하여 얻어졌다.

1. 일반 부하 및 저부하 조건에서는 과도 발전 용량이 충분하여 일정한 상태의 디젤 부하를 수력 및 풍력 전력 공급원에 전달할 수 있다.
2. 일반 부하 및 저부하 조건에서는 디젤 발전기의 스위치를 끌 수 있다.
3. 고부하 조건에서만 디젤 발전기를 사용하여 허용 범위를 넘는 주파수 강하를 방지하여야 한다.

UPT KESS 를 연결하지 않은 경우
(동력 공급원별 평균 부하 흐름)

전력 공급원	고부하		일반 부하		저부하	
	kW	%	kW	%	kW	%
A – 수력 발전기 - 375kVA	165	10	175	17	90	12
B – 수력 발전기 - 740kVA	400	27	425	35	330	38
C – 디젤 발전기 - 625kVA	500	34	190	16	170	20
D – 풍력 터빈 - 700kVA	420	29	380	32	260	30
총 부하	1,470	100	1,200	100	860	100

[그림 5–26] 플라이휠 전력저장시스템 설치 전

UPT KESS 를 연결한 경우
(전력 공급원별 평균 부하 흐름)

전력 공급원	고부하		일반 부하		저부하	
	kW	%	kW	%	kW	%
A – 수력 발전기 - 375kVA	165	10	175	18	90	11
B – 수력 발전기 - 740kVA	400	27	513	43	401	47
C – 디젤 발전기 - 625kVA	500	34	0	0	0	0
D – 풍력 터빈 - 700kVA	420	29	469	39	360	42
총 부하	1,470	100	1,200	100	860	100

[그림 5–27] 플라이휠 전력저장시스템 설치 후

(3) 주파수 반응

주파수 제어는 동작 효율성 향상 및 개선에 필수적이며, 플라이휠 전력저장시스템이 주파수에 미치는 영향은 매우 중요한 부분이다. [그림 5–28]의 그래프는 이러한 영향을 나타낸 그래프이다. 이 사례에서 또 하나의 핵심 사항은 플라이휠의 주파수 반응이 디젤 발전기의 반응과 동일하다는 것이다. 실제로 플라이휠의 주파수 반응은 약 5 ms에서 용량이 250 kW인 디젤 발전기보다 우수하다는 것이 입증되었다. 한 대의 250 kW 장치만이 이 연구에서 요인으로 포함되었기 때문에, 시스템을 배치할 때 주

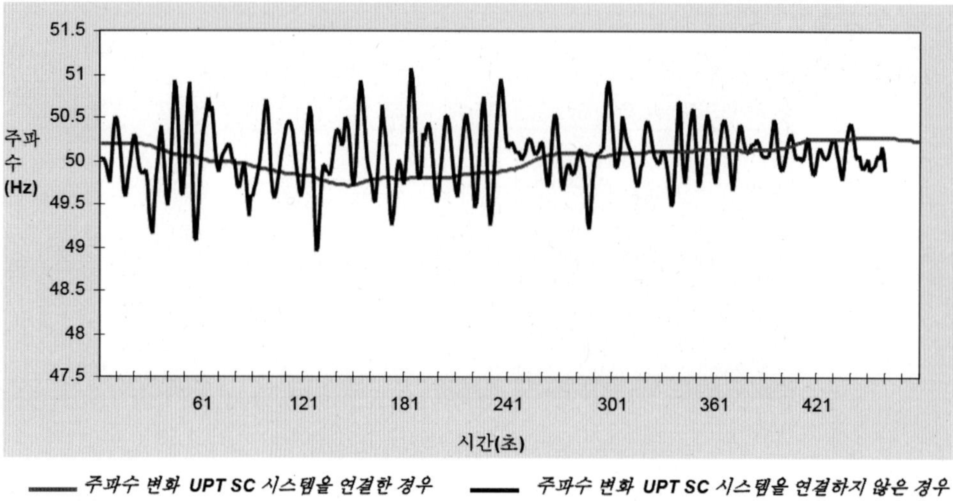

[그림 5-28] 플라이휠 설치 전 · 후의 시스템 주파수 변동

파수 반응에서 즉각적으로 상당한 개선을 이룰 수 있었던 것으로 판단된다.

3. 풍력발전단지를 위한 하이브리드 에너지 저장장치 적용

(1) SFES와 BESS의 혼용 활용방안

풍력발전단지의 규모가 커서 출력의 크기가 SFES(초전도 FES) 단독으로 대응하기 어려운 경우에 BESS와 SFES를 조합하여 사용하는 방안을 고려할 수 있다. 풍력발전단지의 규모가 증가하여 출력변동의 폭이 늘어나면 계통에 주파수와 전압의 변동을 야기할 수 있으며, 변동의 크기와 지속시간에 따라 BESS와 SFES를 적절히 운영하여 안정적인 출력을 기대할 수 있다. 본 장에서는 제주 행원발전단지의 실측 출력을 기반으로 하여, BESS와 SFES의 도입으로 인하여 변경되는 출력에 대하여 모의를 진행하고 그 결과를 확인하였다. 〈표 5-3〉에 모의에 사용된 BESS와 SFES의 사양을 제시하였다.

〈표 5-3〉 BESS와 SFES의 사양

분류	BESS	SFES
운전방안	대규모 변동에 대응	변동의 폭이 작고 빠른 변동에 대응
출력	3.302 MW	0.3 MW
저장용량	5.172 MWh	61.662 kWh

(2) 제주 행원풍력발전단지 출력변동 보상방안

풍력단지의 출력변동을 보상하기 위하여 BESS와 SFES를 사용한다. 〈표 5-3〉에서 언급된 바와 같이, BESS는 SFES에 비하여 응동속도가 상대적으로 느리지만 용량이 크기 때문에 [그림 5-29]와 같이 대규모의 변동에 대응하여 보상할 수 있다.

[그림 5-30]에 SFES를 활용한 보상방안을 나타내었다. SFES는 용량은 BESS에 비하여 상대적으로 작지만 매우 빠르게 대응하여 변동을 감소시킬 수 있다. 〈표 5-3〉에 나온 BESS의 용량은 다음과 같은 방법으로 산정할 수 있다. BESS가 최대로 충전되는 경우와 방전되는 경우의 차이를 감당할 수 있도록 용량을 산정한다. 하루 동안 BESS SOC의 최대치는 3.238 MWh, 최소치는 -1.935 MWh 이기 때문에 그 차이인

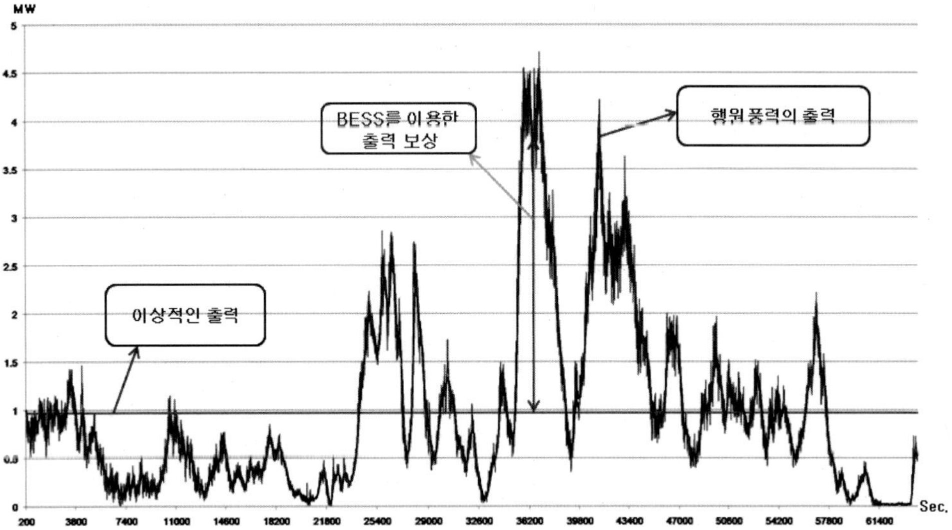

[그림 5-29] 행원풍력의 출력과 BESS를 이용한 보상방안

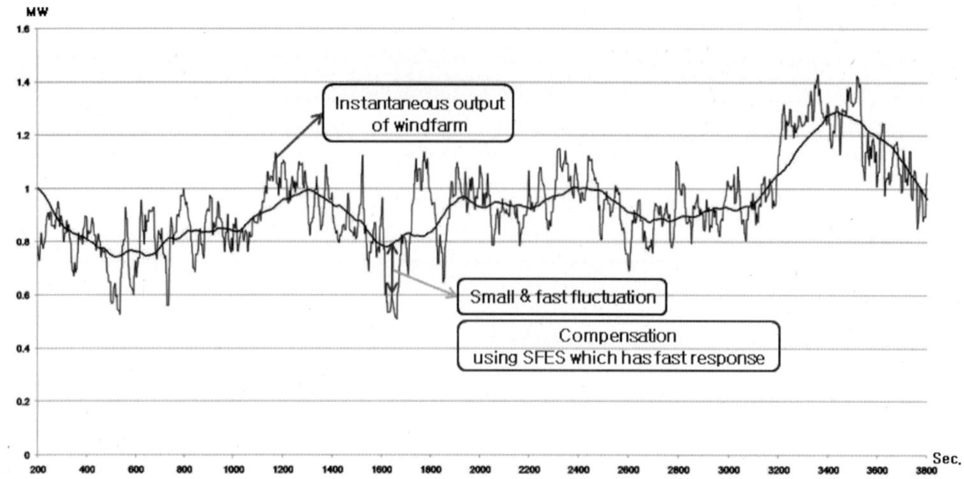

[그림 5-30] 1시간 동안의 제주 행원풍력단지 출력과 SFES를 이용한 보상방안

5.172 MWh를 필요한 BESS의 용량으로 산정할 수 있다. [그림 5-31]은 BESS의 용량 산정을 위한 SOC(충전량, state of charge) 변화 그래프를 나타낸다.

BESS와 마찬가지 방법으로 SFES의 저장 용량을 산정할 수 있다. SFES의 최대값인 46.177 kWh와 -15.070 kWh의 차이인 61.662 kWh를 SFES의 필요 용량으로 산정한다. [그림 5-32]는 SFES의 용량산정을 위한 SOC 변화 그래프를 나타낸다.

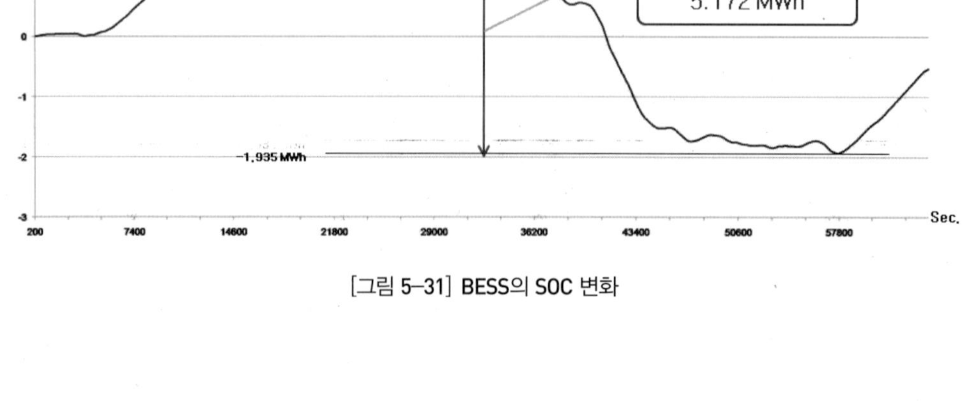

[그림 5-31] BESS의 SOC 변화

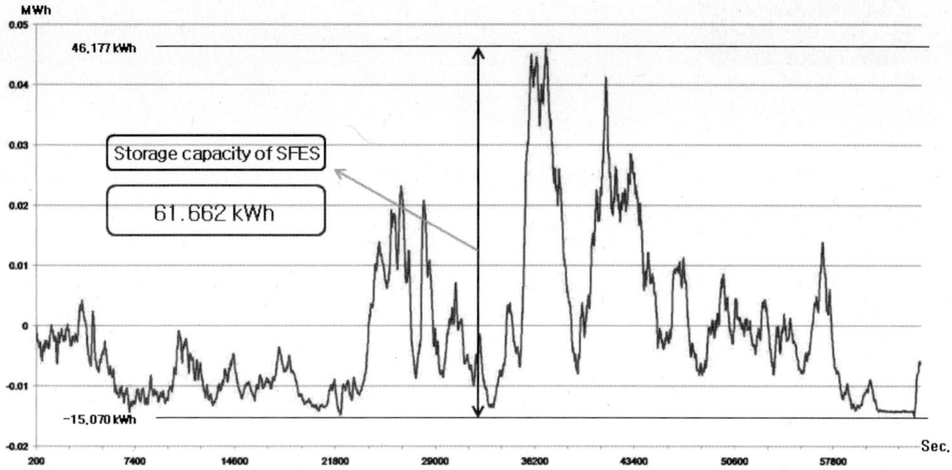

[그림 5-32] SFES의 SOC 변화

단/원/정/리

1. 전력시스템에서 전력저장시스템을 활용하면 전기가 생산되는 시점과 전기가 소비되는 시점을 분리할 수 있어 효율적인 시스템 운영이 가능하다.
2. 대표적인 저장장치의 형태로는 배터리(BESS), 초전도 자기 저장장치(SMES), 플라이휠(FES), 슈퍼커패시터(SCES)가 있다.
3. 배터리는 전기에너지를 분자 또는 원자를 이온화하는 반응을 통해 화학에너지로 변환하여 에너지를 저장하는 방식을 보인다.
4. 초전도 자기 에너지 저장장치는 저항이 0인 초전도 코일에 전류를 흘림으로서 자기장의 형태로 에너지를 저장하는 저장장치이다.
5. 플라이휠 에너지 저장장치는 축에 연결되어 있는 회전체의 회전관성을 이용하여 회전관성에너지의 형태로 전기에너지를 저장하는 저장장치이다
6. 슈퍼커패시터는 특정 유전체를 사용하여 양극판에 직류 전기의 형태로 에너지를 저장하는 저장장치이다.
7. 전력저장시스템은 저장용량(MWh)과 순시출력(MW)을 각각 임의로 설계할 수 있으며, 그 특성에 따라 다양한 활용 범위를 가지고 있다. 전력시스템에서 저장장치는 회전예비력, 주파수 조정, 부하 조정, 발전소/변전소 UPS, 안정도 개선, 전압조정, 투자지연, 피크부하 저감, 전력품질, 순시전압강하 보상 등 다양한 형태의 역할을 수행할 수 있다.
8. 독일에서는 플라이휠 저장장치를 철도와 연계하여, 철도차량의 제동에 따른 회생전력을 저장하였다가 차량의 기동 시에 사용하는 모델을 설계하였다.
9. 풍력발전단지의 출력안정화를 위하여 2개 이상의 저장장치를 하이브리드 형태로 적용하여 활용할 수 있다.

APPENDIX

01 전기의 구성요소

1. 전류

(1) 전하

전하(electric charge)란 어떠한 물질이 전기적인 성질을 가지고 있는 것을 뜻하고 전하의 단위는 쿨롱(Coulomb)을 사용한다. 원자핵의 구성입자인 양성자는 양의 극성을 가지고, 전자는 음의 극성을 가지고 있다.

(2) 전류의 의미

전류는 전자나 이온과 같이 전하를 띤 입자들의 흐름을 말하며, 전류가 흐르는 정도의 차이는 있지만 고체, 액체, 기체 상태에서 모두 흐를 수 있다. 고체 내에서는 자유전자의 이동으로 전류가 흐르며, 전해질과 같은 액체 속에서 양이온과 음이온이 이동할 때 전류가 쉽게 흐를 수 있다. 방전관과 같이 압력이 낮은 기체 속에서 소량이기는 하지만 양이온과 전자들이 이동할 때 전류가 흐를 수 있다.

(3) 전류가 흐르는 조건

전류가 흐르는 조건은 아래와 같아야 한다.

- 전하가 경로를 통해 이동할 수 있도록 닫혀있는 회로가 있어야 한다.
- 전하가 이동할 수 있도록 일정 이상의 전위차(전압)이 있어야 한다.
- 전하의 운반체가 계속적으로 공급되거나 순환되어야 한다.

(4) 전류의 방향

전류의 방향은 [그림 A-1]과 같이 전지의 양극에서 나와 전선을 따라 음극으로 들어가며 시계 방향이 된다. 그러나 전기회로에서 실제 전자의 흐름은 음극에서 양극으로 진행된다.

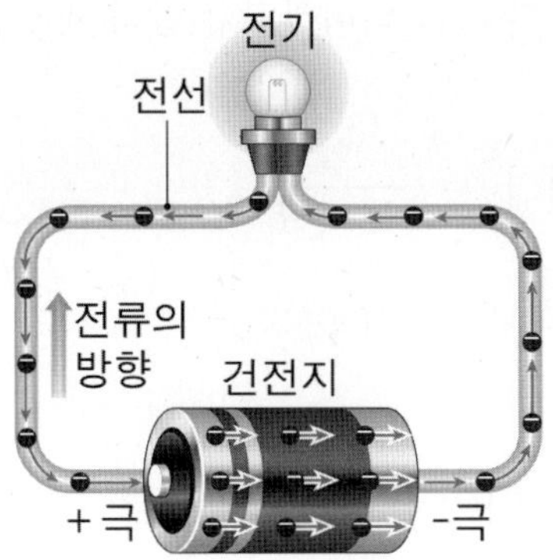

[그림 A-1] 전류의 방향

(5) 전류의 세기

전류의 세기는 단위 시간(1초) 동안 도선의 단면을 통과하는 전하량으로 정의하며, 전하량 q가 시간 t동안 도선의 단면을 통과하였다면 전류의 세기 I는 다음과 같다.

$$I = \frac{q}{t} \quad (\text{전류의세기} = \frac{\text{전하량}}{\text{시간}})$$

이 때 전류의 단위는 A(암페어)를 사용한다. 1 A는 1초 동안 도선의 단면을 통과하는 전하량이 1 C일 때의 전류의 세기이다. 이 때 전자 1개가 가지는 전하량(기본 전하량) e는 1.6×10^{-6} C이므로, 1 A의 전류가 흐르는 도선에는 1초 동안 6.25×10^{18}개의 자유 전자가 도선의 단면을 지나간다.

2. 전압

(1) 전압의 의미

도체 안에서 전하의 흐름을 지속시키려면(전류를 계속 흐르게 하려면), 전하가 한 끝에서 다른 끝으로 이동하는 동안에도 전위차(전압)을 유지시킬 수 있어야 한다. 이 상황은 높은 곳에 있는 저수통에서 낮은 곳으로 물이 흐르는 것과 비슷하다.

전압이란 단위 전하 당 한 일을 의미하고 전압의 세기는 다음과 같다.

$$\boldsymbol{V} = \frac{\boldsymbol{W}}{\boldsymbol{Q}} \quad (\text{전압의세기} = \frac{\text{일}}{\text{전하량}})$$

이 때 전류의 단위는 V(볼트)를 사용한다.

3. 전류, 전압, 전기 저항의 관계

(1) 전압과 전류

전압계와 전류계, 전선이 연결된 전기 회로를 구성한 후 전지의 개수를 증가시키면서 전선에 흐르는 전류의 세기를 측정하면, 전류의 세기는 전지의 개수에 비례함을 알 수 있다. 이 때, 전선에 걸리는 전압은 전지의 개수에 비례하므로 전선에 흐르는 전류의 세기는 전압에 비례한다.

$$I \propto V$$

(2) 옴의 법칙

일정한 온도의 금속 도선에 흐르는 전류의 세기 I는 도선 양단에 걸리는 전압 V에 비례한다. 이를 옴의 법칙이라 하며, 이 때 비례상수 R을 도선의 전기 저항이라고 한다.

$$V \propto I \rightarrow \boldsymbol{V} = \boldsymbol{IR} \ (R : \text{일정})$$

(3) 전기 저항과 전류

전류의 흐름을 방해하는 정도를 '전기 저항' 또는 '저항'이라고 하는데, 전기 저항 = (전류)/(전압)으로 정의한다. 전류–전압의 그래프에서 기울기는 저항의 역수 즉, (1/R)을 의미한다. 전기 저항의 단위는 Ω(옴)을 사용한다.

4. 전력

(1) 전력

전력이란 전기 기구가 1초 동안 소비하는 전기 에너지를 말한다. 전력의 단위로는 W(와트)나 kW(킬로와트)를 사용한다. 즉, 1초에 1 J의 전기 에너지를 사용하는 전기 기구의 소비 전력을 1 W라고 한다. (1 W = 1 J/s)

(2) 전압과 전류 및 전력의 관계

저항 R인 도선에서 단위 시간당 소비되는 전기 에너지, 즉 소비 전력 P는 다음과 같은 식으로도 표현할 수 있다.

$$P = \frac{E}{t} = VI = I^2R = \frac{V^2}{R} \quad \text{(단위 : W)}$$

02 전기소자

1. 저항(R)

도선에 흐르는 전류를 방해하는 정도를 전기 저항이라고 한다. 저항의 단위는 Ω을 사용하며 전기회로를 구성하는 주요 요소이다. 저항이 큰 물질은 전기가 잘 통하지 않으며 저항이 작은 물질은 전기가 잘 통한다.

전기회로에서 도선의 형태로 된 물질의 저항을 파악하는 일은 중요하며, 도선의 재질과 단면적, 길이에 따라 저항이 달라진다. 같은 물질로 구성된 도선의 경우 단면적이 작을수록, 도선의 길이가 길수록 저항이 커진다. 도선의 저항을 구하는 방법은 다음과 같다.

$R = \rho \frac{L}{A}$ (ρ는 고유저항[$\Omega \cdot$m], L은 도선의 길이[m], A는 도선의 단면적[m^2])

[그림 A-2] 실험실에서 사용하는 저항

2. 축전기(C)

축전기는 커패시터(capacitor) 혹은 콘덴서(condenser)라는 명칭으로도 알려져 있다. 전기회로에서 축전기는 전기에너지의 형태로 에너지를 일시적으로 저장하는 역할을 한다. 축전기의 기본 구조는 [그림 A-3]과 같이 2개의 금속판을 마주보게 하는 형태로 되어 있으며, 각각의 금속판 표면에 전하가 모이는 구조를 하고 있다. 2개의 금속판 크기가 클수록, 그리고 금속판 사이의 거리가 가까울수록 축전기의 용량은 증가한다.

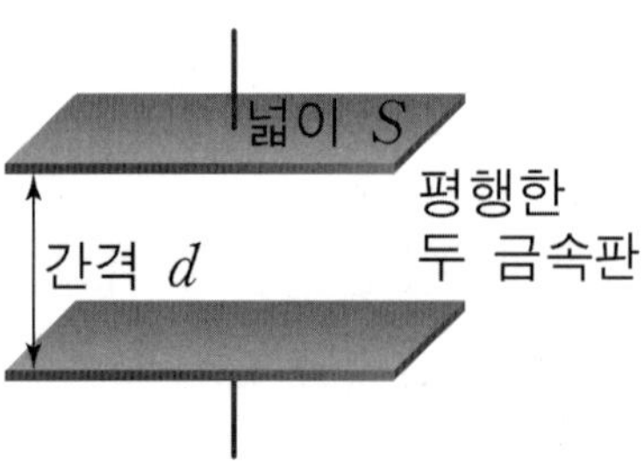

[그림 A-3] 축전기의 구조

[그림 A-4] 다양한 형태의 축전기

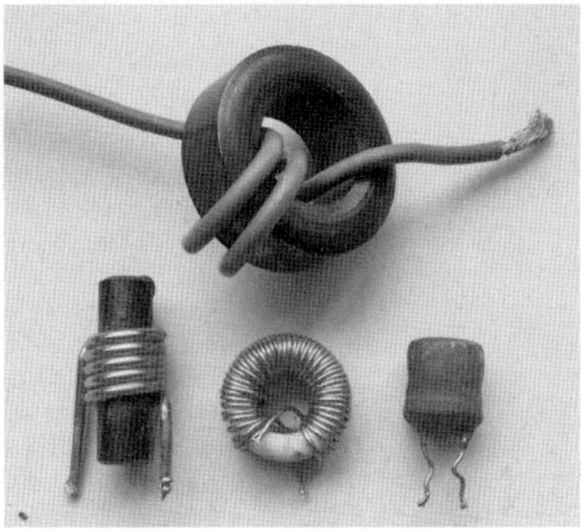

[그림 A-5] 다양한 형태의 인덕터

3. 인덕터(L)

전기회로를 구성하는 중요 부품중 하나인 인덕터는 전도체(보통 전선)가 코일의 형태로 꼬여있는 모습을 보인다. 인덕터에 전류가 흐르면 자기에너지의 형태로 에너지가 일시적으로 저장된다. 인덕터에 전류가 직류의 형태로 일정하게 흐르면 인덕터는 전기 소자의 역할을 하지 못하며 전류가 교류의 형태로 크기가 계속 변하면서 흐르면 전기 소자의 역할을 한다.

03 전력전자의 기초

1. 전력전자의 개념

우리가 익히 알고 있는 전력은 크게 교류 전력과 직류 전력으로 나눌 수 있다. 교류 전력은 쉽게 정현파 형태의 전력을 생각할 수 있으며 직류 전력의 경우 수평선의 형태로 일정하게 발생하는 경우를 그려볼 수 있다. 하지만 실제 생산되는 전력의 형태는 그러한 이상적인 형태를 갖고 있지 않다. 또한 신재생 에너지원에 의한 발전으로 얻어지는 전력 역시 일정하게 발생하지 않는다. 예를 들어 태양 전지가 생산하는 직류 전력의 경우 태양의 세기가 일기에 따라 수시로 변화하듯 생산되는 전기도 변화하게 된다. 같은 이유로 풍력 발전의 경우에 있어서도 바람의 세기가 항상 일정하지 않기 때문에 풍력 발전에 의해 생산되는 교류 전력의 크기 역시 시간에 따라 변화하게 된다.

따라서 신재생에너지원에 의한 발전으로 얻어지는 전력을 독립적으로 사용하는 경우나 계통에 연계해서 사용하는 경우 모두에 있어 생산되는 전기 에너지를 그대로 사용하는 것에는 많은 제약이 따르게 된다.

신재생에너지원에 의해 발전되는 전기의 품질이 직류 또는 교류라 하더라도 계통에 그대로 연계되어 사용할 수는 없으므로 일반적으로 인버터와 컨버터를 통하여 상용의 전력 계통의 주파수와 전압에 일치시키는 과정을 거치게 된다.

이처럼 전기에너지의 전류나 전압의 크기, 주파수(직류 또는 교류), 상수(phase) 등을 변환하거나 전기에너지의 흐름을 제어하는 장치가 필요로 하게 되는데 이러한 전력의 흐름을 제어하고 변환하는 기능을 갖는 장치를 넓은 의미에서 전력처리시스템(power processing system)이라고 한다.

전력처리시스템은 전력 처리에 대한 제어정보를 입력받아 전력 손실을 최소화 하면서 원하는 전력 변환 기능을 수행하는 것을 목표로 하며 전력처리시스템의 이상적인 형태는 전력의 흐름을 제어하고 전압이나 전류의 형태를 변환하고 전력처리시스템 자체에서 전기에너지를 발생시키거나 소모하지 않는 것이다.

전력처리시스템의 효율은 본래적인 기능과 더불어 고려할 매우 중요한 성질 중의 하나로 효율의 문제는 전력처리시스템의 구성요소를 결정하는 가장 중요한 요인이 된다. 전력시스템의 효율을 높이기 위하여 인덕터, 커패시터, 스위치, 변압기 등과 같은 전력 무손실 소자를 주로 사용하게 된다. 전력처리시스템에서 외부에서 제어가 가능한 소자는 유일하게 스위치뿐으로 릴레이와 같은 기계적인 접점 스위치나 전력반도체 스위치가 사용될 수 있다. 스위치는 전류의 흐름을 단속하는 매우 단순한 동작을 하지만 나머지 제어가 불가한 수동 소자들과 조합하여 원하는 기능의 전력처리시스템을 구현하는 데 있어 핵심요소가 되며 전력반도체스위치를 사용한 전력변환기의 회로구성과 제어, 응용 및 그와 관련된 기술을 연구하는 분야를 전력전자공학이라 한다.

전력전자시스템을 이용한 전력변환장치는 넓게 보면 모두 컨버터라 부를 수 있으며 전원 관계에 따라 다음과 같이 분류하고 명칭할 수 있다.

- AC/DC 컨버터: 정류기(rectifier)
- DC/DC 컨버터: DC−DC 컨버터(DC−DC converter)
- DC/AC 컨버터: 인버터(inverter)
- AC/AC 컨버터: AC−AC 컨버터(AC−AC converter)

이러한 전력변환장치를 구성하기 위해서는 축전기나 인덕터와 같은 기본적인 수동 소자 외에도 다이오드(diode), 사이리스터(thyristor), GTO, BJT, FET, IGBT 등의 반도체 스위칭 소자를 목적에 맞게 사용하여야 한다.

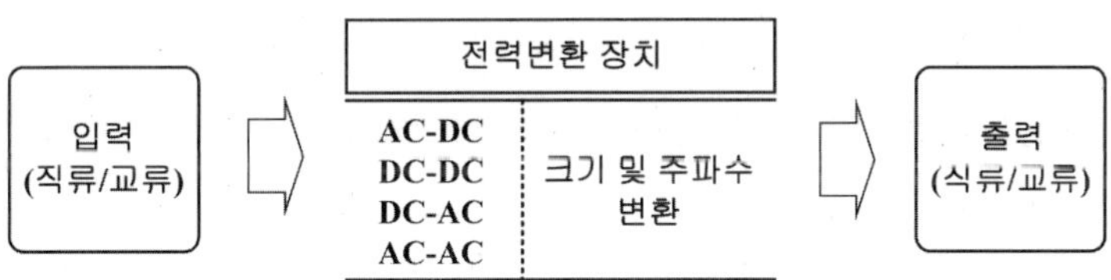

입력	AC	DC	DC	AC
기본 명칭	정류기	DC-DC 컨버터	인버터	AC-AC 컨버터
종류	다이오드 정류기 위상제어 정류기	DC 초퍼 Buck 컨버터 Forward 컨버터 Boost 컨버터 Buck-Boost 컨버터 Flyback 컨버터 Cuk 컨버터 Full-Bridge 컨버터	전류형 인버터 - PWM - 위상제어 전압형 인버터 - 6-Step - SPWM - SVPWM	변압기 사이클로 컨버터
출력	DC		AC	

[그림 A-6] 전력변환장치의 종류

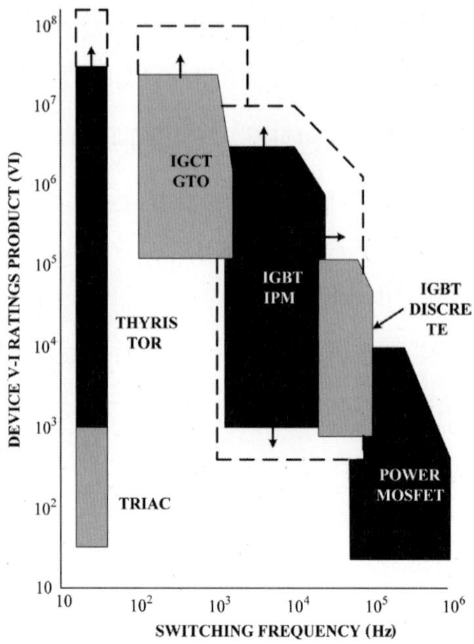

[그림 A-7] 전력용 반도체 스위치 소자들의 주 사용영역

(1) AC-DC 컨버터

AC-DC 컨버터로 쓰이는 회로는 일반적으로 정류기라고 부른다. 정류기는 교류 전원을 정류하여 직류로 변환하는 컨버터로서 보통 다이오드를 사용한다. 다이오드를 이용하여 한쪽 극성(polarity)으로 변환한 다음에 DC-Link 커패시터를 이용하여 평활하게 하여 직류 출력을 얻는다. 다만 다이오드 정류기를 사용할 경우 전원전압의 최대값에 의하여 출력전압의 크기가 고정되는 단점이 있으므로 직류의 출력전압의 크기를 변경하기 위해서는 사이리스터를 이용하여 지연각을 제어할 경우 출력전압을 변경할 수 있다. 다이오드를 이용하여 교류를 직류로 바꾸는 경우에는 다이오드 정류회로, 사이리스터를 이용할 경우 위상제어 정류회로라 한다.

(2) DC-DC 컨버터

DC-DC 컨버터는 직류 전원을 반도체 소자와 선형 소자들을 이용하여 출력전압을 낮추거나 높이기 위해 사용되는 장치이다. 기본적인 원리는 스위칭 소자를 이용한 DC 쵸퍼로 ON 상태에서 전력을 전달하고 OFF 상태에서는 전력 공급을 끊어주는 형태로 출력을 조절하는 것이다. 다만 DC 쵸퍼 회로는 출력전압이 급변하게 되므로 이를 보완하기 위해 일정한 직류전압을 출력하는 컨버터가 요구된다.

이러한 컨버터의 종류로는 출력전압을 낮추는 형태의 Buck 컨버터(강압형 컨버터), 출력전압을 상승시키는 Boost 컨버터(승압형 컨버터), 승강압이 모두 가능한 Buck-Boost 컨버터, Cuk 컨버터가 있다. 또한 Buck 컨버터 회로에 변압기를 추가한 Forward 컨버터와 Buck-Boost 컨버터에 변압기를 추가한 Flyback 컨버터가 있다.

(3) DC-AC 인버터

인버터는 직류전압(전류)을 교류전압(전류)으로 변환하는 DC-AC 전력변환장치를 뜻하며 인버터는 DC-DC 컨버터와 더불어 산업체나 가정에서 가장 많이 응용되는 전력변환기로서 교류전동기 구동, 유도가열장치, 무정전전원장치, 역률보상기, 무효전력보상기, 능동전력필터 등 그 응용분야는 매우 다양하고 광범위하다.

전력전달의 관점에서의 인버터란 평균전력이 직류측에서 교류측으로 전달되는 전력변환기를 말하며, 스위칭 소자의 ON/OFF 제어를 통하여 교류측의 전압이나 전류의 크기와 주파수를 임의로 제어할 수 있는 장치를 뜻한다. 이러한 인버터는 스위치 모드 인버터 또는 PWM 인버터라고 부른다.

참고문헌

I. 서론

1. 생각하는 힘 노자 인문학, 최진석, 위즈덤하우스, 2015
2. http://www.scienceall.com/볼타전지voltaic-cell/
3. http://cyber.kepco.co.kr/kepco/KO/H/htmlView/KOHAHP00111.do, 한국전기공사 홈페이지.
4. http://www.geo.cornell.edu/eas/energy/the_challenges/peak_oil.html

II. 태양에너지

1. 태양전지공학개론, 이준신, 강광선, 김준동, 윤경훈, 도서출판 그린, 2013.
2. 태양전지공학, 김경해, 이준신, 도서출판 그린, 2012
3. http://www.kps.or.kr/storage/webzine_uploadfiles/1031_article.pdf
4. http://solarfollowers.tistory.com/592
5. 윤천석, 신재생에너지, 인피니티북스, 2009
6. https://www.eeremultimedia.energy.gov/solar/

III. 풍력에너지

1. 2014 신재생에너지백서, 산업통상자원부, 2014
2. 풍력 에너지 기초, Ushiyama Izumi 저, 김필호 옮김, 성안당, 2013
3. 풍력발전개론, 황병선 외 4인 공저, 아진, 2014
4. 태양광 풍력발전과 계통연계기술, Kai Takaaki , Fujimoto Toshiaki 저, 송승호 옮김, 성안당, 2011
5. EWEA_Annual_Statistics_2015, EWEA, 2015
6. 해상풍력발전, 손충렬 외 4인 공저, 아진, 2015
7. 신·재생에너지 발전차액지원제도 개선 및 RPS제도와 연계방안, 산업자원부, 2006.
8. World Wind Resource Assessment Report, WWEA Technical Committee, WWEA,

2014
9. Wind in power, EWEA, 2015
10. 풍력발전단지 환경평가 방안 연구, 한국환경정책평가연구원, 2011.

Ⅳ. 수소에너지와 연료전지

1. http://astronomy.swin.edu.au/cosmos/M/molecular+hydrogen
2. 박진남 외, 과학영재를 위한 연료전지 프로젝트, 한티미디어, 2013
3. 한국가스공사 연구개발원, 수소연료전지자동차 보급기반을 위한 연구, 2012
4. 자동차부품연구원, 수소차 보급 및 충전인프라 구축 활성화 방안, 2015. 9
5. 에너지관리공단 신재생에너지센터, 신、재생에너지 RD&D 전략 2030 시리즈 7편: 수소 · 연료전지 Ⅱ, 2008
6. http://energy.gov/eere/fuelcells/types-fuel-cells

Ⅴ. 전력저장시스템과 스마트그리드

1. 한국전력공사 전력연구원, '100kWh급 초전도 플라이휠 에너지 저장장치 개발' 연구과제 4차년도 보고서
2. http://www.energy.gov/
3. http://www.kpx.or.kr/
4. 'Hysteresis Voltage Control of DVR Based on Unipolar PWM,' INTECH
5. 한국철도기술연구원, "PILLER – Kinetic Energy Storage Device POWERBRIDGE"
6. Urenco Power Technologies, "UPT 동력 제어"
7. 한국전력공사 전력연구원, '100kWh급 초전도 플라이휠 에너지 저장장치 개발' 연구과제 5차년도 보고서

Ⅵ. APPENDIX

1. 전기기기, 한양대학교 에너지변환연구실, 홍릉과학출판사, 2011
2. 전력전자공학, 노의철, 정규범, 최남선, 문운당, 2011